暖通工程施工技术研究

张鹏颖 郝义凯 任志远◎著

中国出版集团
中 译 出 版 社

图书在版编目(CIP)数据

暖通工程施工技术研究 / 张鹏颖，郝义凯，任志远著. -- 北京：中译出版社，2024.2

ISBN 978-7-5001-7753-1

Ⅰ.①暖… Ⅱ.①张… ②郝… ③任… Ⅲ.①房屋建筑设备-采暖设备-工程施工-研究②房屋建筑设备-通风设备-工程施工-研究 Ⅳ.①TU83

中国国家版本馆 CIP 数据核字（2024）第 048590 号

暖通工程施工技术研究

NUANTONG GONGCHENG SHIGONG JISHU YANJIU

著　　者：张鹏颖　郝义凯　任志远
策划编辑：于　宇
责任编辑：于　宇
文字编辑：田玉肖
营销编辑：马　萱　钟筱童
出版发行：中译出版社
地　　址：北京市西城区新街口外大街 28 号 102 号楼 4 层
电　　话：(010) 68002494（编辑部）
邮　　编：100088
电子邮箱：book@ctph. com. cn
网　　址：http://www. ctph. com. cn

印　　刷：北京四海锦诚印刷技术有限公司
经　　销：新华书店
规　　格：787 mm×1092 mm　1/16
印　　张：12. 75
字　　数：254 千字
版　　次：2024 年 2 月第 1 版
印　　次：2024 年 2 月第 1 次印刷

ISBN 978-7-5001-7753-1　　定价：68. 00 元

中　译　出　版　社

前　言

在我国的城市化建设进程逐步推进的社会背景下，暖通工程和管道工程的建设和施工中，暖通工程施工技术的合理应用是关键的施工要点，因为施工质量对于暖通工程的整体施工安全和施工效果具有决定性的作用，影响着管道的使用寿命。为了提高暖通工程的综合效益，延长暖通工程的使用寿命，管理人员、技术人员需要在暖通工程施工技术的应用中，加强对技术要点的把握，提高暖通工程的施工质量和防腐技术的应用效果。

暖通施工的工程呈现技术密集型，这主要是体现在暖通工程从设计规划到后续施工、验收都要求设计人员、施工人员具备专业知识、专业施工技能。暖通施工工程的覆盖面很广，大部分的暖通施工工程都不是独立的，需要与区域内其他管道、设施、建筑物相互协调，一个区域内的暖通工程在施工时也需要考虑到与其他区域的暖通工程相配合，因此需要考虑的因素也较多。暖通施工的条件要求很高，由于工程量较大，需要对线路、管道、设备等多个层次进行施工、安装、调试，所以需要做好现场管理，明确施工流程。另外在施工前还需要考察建筑物是否已提前做好暖通管道、设施的预留、预埋工作，这样才能够顺利实现合理施工。因此，暖通工程施工条件要求高也是对暖通工程施工技术人员专业素质的考验。

本书从供暖系统与空调系统介绍入手，针对暖通空调节能减排、暖通空调施工安装基础进行了分析研究；另外对暖通空调工程水系统施工安装、通风空调工程风系统施工安装做了一定的介绍；还对暖通空调工程施工调试做了研究。为适应培养21世纪高素质复合型人才的需要，以培养卓越工程师的基本素质为目标，本书结合国内外暖通空调领域的工程经验及相关新技术情况，力求在写作中做到基本概念与基础理论叙述严谨，知识体系条干清晰，理论与实际结合紧密。

由于作者水平有限，书中难免会出现不足之处，希望各位读者和专家能够提出宝贵意见，以待进一步改进，使之更加完善。

作者

2023年12月

目　录

第一章 供暖系统与空调系统

第一节 热水供暖系统

一、热水供暖系统的特点

供给室内供暖系统末端装置使用的热媒主要有三类：热水、蒸汽与热风。以热水作为热媒的供暖系统，称为热水供暖系统，同理可定义其他两类供暖系统。从卫生条件和节能等因素考虑，民用建筑应采用热水作为热媒。热水供暖系统也用在生产厂房及辅助建筑中。

热水供暖系统的热能利用率高，输送时无效热损失较小，散热设备不易腐蚀，使用周期长，且散热设备表面温度低，符合卫生要求；系统操作方便，运行安全，易于实现供水温度的集中调节，系统蓄热能力高，散热均匀，适于远距离输送。系统中的水在锅炉中被加热到所需要的温度，并用循环水泵做动力使水沿供水管流入各用户，散热后回水沿回水管返回锅炉，水不断地在系统中循环流动。系统在运行过程中的漏水量或被用户消耗的水量由补给水泵把经水处理装置处理后的水从回水管补充到系统内，补水量的多少可通过压力调节阀控制。膨胀水箱设在系统最高处，用以接纳水因受热后膨胀的体积。

室内热水供暖系统由供暖系统末端装置及其连接的管道系统组成，根据观察与思考问题的角度，可以按照下述方法分类：

第一，按照热媒温度的不同，可分为低温水供暖系统和高温水供暖系统。在各个国家，对于高温水和低温水的界限，都有自己的规定，并不统一。在我国，习惯认为：水温低于或等于 100℃的热水，称为低温水；水温超过 100℃的热水，称为高温水。

室内热水供暖系统，大多采用低温水做热媒。设计供、回水温度多采用 95/70℃（也有的采用 85/60℃）。低温热水辐射地面供暖的供、回水温度为 60/50℃。高温水供暖系统一般宜在生产厂房中应用，设计供、回水温度大多采用 120～130℃/70～80℃。

第二，按照系统循环动力的不同，可分为重力（自然）循环系统和机械循环系统。靠水的密度差进行循环的系统，称为重力循环系统；靠机械（水泵）力进行循环的系统，称为机械循环系统。

第三，按照系统管道敷设方式的不同，可分为垂直式和水平式。垂直式供暖系统是指不同楼层的各散热器用垂直立管连接的系统；水平式供暖系统是指同一楼层的散热器用水平管线连接的系统。

第四，按照散热器供、回水方式的不同，可分为单管系统和双管系统。热水经供水立管或水平供水管顺序流过多组散热器，并顺序地在各散热器中冷却的系统，称为单管系统。热水经供水立管或水平供水管平行地分配给多组散热器，冷却后的回水自每个散热器直接沿回水立管或水平回水管流回热源的系统，称为双管系统。

自20世纪90年代以来，我国从计划经济向社会主义市场经济全面转轨，相应的住房及其供暖制度也由福利制向商品化转变。供暖系统也在常规供暖系统形式的基础上出现了新形式——分户供暖系统，并得到了广泛应用；同时，在实践中对一些既有建筑的传统供暖系统进行了分户改造。

二、热水供暖系统的形式

（一）热水供暖系统的循环动力

热水供暖系统的循环动力叫作作用压头。按照循环动力的不同，将热水供暖系统分为重力（自然）循环系统和机械循环系统。重力循环系统中水靠其密度差循环，该作用压头称为重力作用压头。为了顺利排出空气，水平供水干管标高应沿水流方向下降，因为重力循环系统中水流速度较小，可以采用气水逆向流动，使空气从管道高点所连膨胀水箱排出。重力循环系统不需要外来动力，运行时无噪声、调节方便、管理简单。由于作用压头小，所需管径大，只宜用于没有集中供热热源、对供热质量有特殊要求的小型建筑物中。

（二）热水供暖系统的供回水温度

按照供水温度的高低，将热水供暖系统分为高温水供暖系统和低温水供暖系统。各国高温水与低温水的界限不一样。我国将设计供水温度高于100℃的系统称为高温水供暖系统，设计供水温度低于100℃的系统称为低温水供暖系统。高温水供暖系统由于散热器表面温度高，易烫伤皮肤、烤焦有机灰尘，卫生条件及舒适度较差，但可节省散热器用量，设计供回水温差较大，可减小管道系统管径，降低输送热媒所消耗的电能，节省运行费用。主要用于对卫生要求不高的工业建筑及其辅助建筑中。低温水供暖系统的优缺点正好与高温水供暖系统相反，是民用及公用建筑的主要供暖系统形式。

高温水系统的设计供回水温度常取 130/70℃、130/80℃、110/70℃等。低温水系统的设计供回水温度常取 95/70℃、85/60℃、80/60℃、60/50℃等。设计供水温度、设计供回水温差的数值应综合热源、管网和热用户的情况，通过经济技术比较确定。

（三）热水供暖管道系统

应考虑热源来向，建筑物的规模、层数，布置管道的条件和用户要求，确定热水供暖管道系统的形式。

根据建筑物布置管道的条件，热水供暖管道系统可采用上供下回式、上供上回式、下供下回式和下供上回式。“上供”是热媒从立管沿纵向从上向下供给各楼层散热器的系统；“下供”是热媒从立管沿纵向从下向上供给各楼层散热器的系统。“上回”是热媒从立管各楼层散热器沿纵向从下向上回流；“下回”是热媒从立管各楼层散热器沿纵向从上向下回流。

①上供下回式系统，布置管道方便，排气顺畅，是用得最多的系统形式。

②上供上回式系统，供暖干管不与地面设备及其他管道发生占地矛盾。但立管消耗管材量增加，立管下面均要设放水阀。主要用于设备和工艺管道较多、沿地面布置干管困难的工厂车间等。

③下供下回式系统，与上供下回式相比，供水干管无效热损失小、可减轻上供下回式双管系统的竖向失调（沿竖向各房间的室内温度偏离设计工况称为竖向失调）。因为通过上层散热器环路的重力作用压头大，但管路长，阻力损失大，有利于水力平衡。顶棚下无干管，比较美观，可以分层施工，分期投入使用。底层需要设管沟或有地下室以便于布置两根干管，要在顶层散热器设放气阀或设空气管排出空气。

④下供上回式系统，与上供下回式系统相对照，被称为倒流式系统。如供水干管在一层地面明设时，其散热量可加以利用，因而无效热损失小，与上供下回式系统相比，底层散热器平均温度升高，从而减少底层散热器面积，有利于解决某些建筑物中底层房间热负荷大、散热器面积过大、难于布置的问题。当热媒为高温水时，底层散热器供水温度高，然而水静压力也大，有利于防止水温较高的供水的汽化。

上半部分系统可为下供下回式系统或上供下回式系统，而下半部分系统均为上供下回式系统。中供式系统可减轻竖向失调，但计算和调节都比较麻烦。

根据各楼层散热器的连接方式，热水供暖系统可采用垂直式与水平式系统。垂直式供暖系统是将不同楼层的各散热器用垂直立管连接的系统；水平式供暖系统是将同一楼层的散热器用水平管线连接的系统。垂直式供暖系统中一根立管可以在一侧或两侧连接散热器。

水平式系统，可用于公共建筑的厅、堂等场所。近年来用于设计住宅分户热计量热水供暖系统。该系统大直径的干管少，穿楼板的管道少，有利于加快施工进度，室内无立管比较美观。设有膨胀水箱时，水箱的标高可以降低。

按照连接相关散热器的管道数量，热水供暖系统有单管系统与双管系统之分。单管系统是用一根管道将多组散热器依次串联起来的系统；双管系统是用两根管道（一根供水管、一根回水管）将多组散热器相互并联起来的系统。

单管系统节省管材、造价低、施工进度快，顺流式单管系统不能调节单个散热器的散热量。跨越管式单管系统如在散热器支管上设置普通的闸阀或截止阀，则以多耗管材（跨越管）和增加散热器片面积为代价换取散热量在一定程度上的可调性。目前推行的在各组散热器上安装温度调节阀的措施，可设定室温并自动调节流量，使室内温度控制在一定水平上，是供暖系统节能和实行热计量的措施之一。单管系统的水力稳定性比双管系统好。如采用上供下回式单管系统，往往底层散热器片数较多，有时造成散热器布置困难。双管系统可单个调节散热器的散热量，管材耗量大、施工麻烦、造价高、易产生竖向失调。

水力计算时同程式系统各环路易于平衡，水力失调较轻，但有时可能要多耗费些管材，其耗量决定于系统的具体条件和布管的技巧，布置管道合理时管材耗量增加不多。

系统底层干管明设有困难时要置于管沟内。同程式系统中最不利环路不明确，通过水力阻力最大的立管的环路是最不利环路，该立管可能是中间某立管，而且实际运行时同程式系统水力不平衡时不像异程式系统那样易于调整，因此，同程式系统水力计算时要绘制压力平衡图，防止系统运行时水力失调。异程式系统可节省管材，降低投资。但由于各环路的流动阻力不易平衡，常导致离热力入口（热力入口是室外供热系统与建筑物的供暖系统相连接处的管道和设施的总称）近处立管（或基本组合体）的流量大于设计值，远处立管（或基本组合体）的流量小于设计值的现象。为此要力求从设计上采取措施解决远近环路的不平衡问题，如减小干管阻力，增大立支管路阻力，在立支管路上采用性能好的调节阀等。一般把从热力入口到最远基本组合体中的基本组合体水平干管的展开长度称为供暖系统的作用半径。机械循环系统作用压力大，因此，允许阻力损失大，作用半径较大的系统宜采用同程式系统。

三、分户供暖系统

这里所介绍的分户供暖系统是对传统的顺流式供暖系统在形式上加以改变，以建筑中具有独立产权的用户为服务对象，使该用户的供暖系统具备分户调节、控制与关断的功能。

分户供暖的产生与我国社会经济发展紧密相连。20 世纪 90 年代以前，我国处于计划经济时期，供热一直作为职工的福利，采取“包烧制”，即冬季供暖费用由政府或职工所在单位承担。之后，我国从计划经济向市场经济转变，相应的住房分配制度也进行了改革。职工购买了本属单位的公有住房或住房分配实现了商品化。加之所有制变革、行业结构调整、企业重组与人员优化等改革措施，职工所属单位发生了巨大变化。原有经济结构下的福利用热制度已不能满足市场经济的要求，严重困扰城镇供热的正常运行与发展。因为在旧供热体制下，供暖能耗多少与热用户经济利益无关，用户一般不考虑供热节能，能源浪费严重，供暖能耗居高不下。节能增效刻不容缓，分户供暖势在必行。

分户供暖是以经济手段促进节能。供暖系统节能的关键是改变热用户现有的“室温高，开窗放”的用热习惯，这就要求供暖系统在用户侧具有调节手段，先实现分户控制与调节，为下一步分户计量创造条件。

对于民用建筑的住宅用户，分户供暖就是改变传统的一幢建筑一个系统的“大供暖”系统的形式，实现分别向各个单元具有独立产权的热用户供暖并具有调节与控制功能的供暖系统形式。因此，分户供暖工作必然包含两方面的工作内容：一是既有建筑供暖系统的分户改造；二是新建住宅的分户供暖设计。这里主要针对的是第二方面的内容。

分户供暖是实现分户热计量及用热的商品化的一个必要条件，不管形式上如何变化，它的首要目的仍是满足热用户的用热需求，须在供暖形式上做分户的处理。分户供暖系统的形式是由我国城镇居民建筑具有公寓大型化的特点决定的——在一幢建筑的不同单元的不同楼层的不同居民住宅，产权不同。根据这一特点及我国民用住宅的结构形式，楼梯间、楼道等公用部分应设置独立供暖系统，室内的分户供暖主要由以下三个系统组成。

第一，满足热用户用热需求的户内水平供暖系统，就是按户分环，每一户单独引出供回水管，一方面便于供暖控制管理，另一方面用户可实现分室控温。

第二，向各个用户输送热媒的单元立管供暖系统，即用户的公共立管，可设于楼梯间或专用的供暖管井内。

第三，向各个单元公共立管输送热媒的水平干管供暖系统。同时还要辅之以必要的调节、关断及计量装置。但分户供暖系统相对于传统的大供暖系统没有本质的变化，仅仅是利用已有的供暖系统形式，采取新的组合方式，在形式上满足热用户一家一户供暖的要求，使其具有分别调节、控制、关断功能，便于管理与未来分户计量的开展，它的服务对象主要是民用住宅建筑。

（一）户内水平供暖系统形式与特点

为满足在一幢建筑内向每一热用户单独供暖，应在每一热用户的入口设有单独的供回水管路，在用户内形成单独环路。适合于分户供暖的户内系统进、出散热器的供、回水管为水平式安装，其位置可选用上进上出、上进下出、下进下出等组合方式。考虑到美观，一般采用下进下出的方式。并根据实际情况，水平管道可明装，沿踢脚板敷设；或水平管道暗装，镶嵌在踢脚板内或暗敷在地面预留的沟槽内。管道连接形式常采用如下五种形式：水平单管串联式、水平单管跨越式、水平双管同程式、水平双管异程式和水平网程式。

（二）单元立管供暖系统形式与特点

设置单元立管的目的在于向户内供暖系统提供热媒，是以住宅单元的用户为服务对象，一般放置于楼梯间内单独设置的供暖管井中。单元立管供暖系统应采用异程式立管已形成共识。从其结构形式上看，同程式立管到各个用户的管道长度相等，压降也相等，似乎更有利于热量的分配，但在实际应用时由于同程式立管无法克服重力循环压力的影响，故应采用异程式立管。同时必须指出的是单元异程式立管的管径不应因设计的保守而加大；否则，其结果与同程式立管一样，将造成垂向失调，上热下冷。

（三）水平干管供暖系统形式与特点

设置水平干管的目的在于向单元立管系统提供热媒，是以民用建筑的单元立管为服务对象，一般设置于建筑的供暖地沟中或地下室的顶棚下。向各个单元立管供应热媒的水平干管若环路较小，可采用异程式，但一般多采用同程式的。由于在同一平面上，没有高差，无重力循环附加压力的影响，同程式水平干管保证了到各个单元供回水立管的管道长度相等，使阻力状况基本一致，热媒分配平均，可减少水平失调带来的不利影响。

整体来看，室内分户供暖系统是由户内系统、单元立管系统和水平干管系统三部分组成，较以往传统的垂直单管顺流式系统室内系统管道的数量有所增加，总循环阻力增大。但二者没有本质的区别，进一步比较，可以更清楚地了解分户供暖系统的特点。

分户供暖系统从各个单元来看，较原有的整个建筑的供暖系统规模缩小了、简化了，便于控制与调节，这是近些年分户供暖工作得以顺利开展并取得成功的一个重要原因。但分户供暖的整个系统与原有的垂直单管顺流式系统相比，管道量增多、管路阻力增加。

（四）分户供暖的入户装置

分户供暖户内系统包括水平管道、散热装置及温控调节装置，还应该包括系统的入户装置。对于新建建筑户内供暖系统入户装置一般设于供暖管井内，改造工程应设置于楼梯间专用供暖表箱内，同时保证热表的安装、检查、维修的空间。供回水管道均应设置锁闭阀，供水热量表前设置 Y 型过滤器，滤网规格宜为 60 目。可采用机械式或超声波式热表，前者价格较低，但对水质的要求高；后者的价格较前者高，可根据工程实际情况自主选用。对于仅分户但不实行计量的热用户可考虑暂不安装热表，但对其安装位置应做提前预留。

第二节　辐射供暖与供冷

一、辐射供暖（供冷）的定义

主要依靠供热（冷）部件与围护结构内表面之间的辐射换热向房间供热（冷）的供暖（供冷）方式称为辐射供暖（供冷）。辐射供暖时房间各围护结构内表面（包括供热部件表面）的平均温度 $t_{s.m}$高于室内空气温度计 t_R，即

$$t_{s.m}>t_R \tag{1-1}$$

对流供暖时，$t_{s.m}<t_R$ 这一特征是辐射供暖与对流供暖的主要区别。在国外，辐射供暖用这一特征来进行定义，即将供暖房间各围护结构内表面（包括供热部件表面）平均温度高于室内空气温度的供暖方式称为辐射供暖。通常称辐射供暖的供热部件为供暖辐射板。

辐射供冷时房间各围护结构内表面（包括供冷部件表面）的平均温度 $t_{s.m}$低于室内空气温度 t_R，即

$$t_{s.m}<t_R \tag{1-2}$$

辐射供暖（供冷）可以是集中式或局部式；辐射板表面的温度可以为高温或低温。

二、辐射供暖与辐射供冷的特点

（一）辐射供暖

辐射供暖时热表面向围护结构内表面和室内设施散发热量，辐射热量部分被吸收、部分被反射，反射到热表面的部分，还要产生二次辐射，二次辐射最终也被围护结构和室内设施所吸收。辐射供暖与对流供暖相比，提高了围护结构内表面温度（高于房间空气的温度），因而创造了一个对人体有利的热环境，减少了人体向围护结构内表面的辐射换热量，热舒适度增加，辐射供暖正是迎合了人体这一生理特征。辐射供暖同对流供暖相比，提高了辐射换热量的比例，但仍存在对流换热的情况。所提高的辐射换热量的比例与热媒的温度、辐射热表面的位置等有关。各种辐射供暖方式的辐射换热量在其总换热量中所占的大致比例是：顶面式 70%～75%；地面式 30%～40%；墙面式 30%～60%（随辐射板在墙面

上的高度和板面温度的增加而增加)。可以看出，只有在顶面式辐射供暖时辐射换热量占绝对优势，在地面式和墙面式辐射供暖时对流换热量还是占优势。然而房间的供暖方式不是用哪种换热方式占优势来决定的，而是取决于整个房间的温度环境。

辐射供暖时沿房间高度方向温度比较均匀。热风供暖时沿高度方向温度变化最大，房间上部区域温度偏高，工作区温度偏低。采用辐射供暖，特别是地面辐射供暖时，工作区温度较高。地面附近温度升高，有利于增加人的舒适度。设计辐射供暖时相对于对流供暖时规定的房间平均温度可低 1~3℃，这一特点不仅使人体对流放热量增加，增加了人的舒适感，与对流供暖相比，房间室内设计温度的降低，使辐射供暖设计热负荷减少；房间上部温度增幅的降低，使上部围护结构传热温差减小，导致实际热负荷减小；供暖室内温度的降低，使冷风渗透和外门冷风侵入等室内外通风换气的耗热量减少。总之，上述多种因素的综合作用使辐射供暖可降低供暖热负荷。因此，在正确设计时，辐射供暖可降低供暖能耗。如果设计不当，例如：辐射板面积过大、加热管排列过密、热媒温度过高等，将造成室内温度偏高，辐射供暖不仅不能降低供暖能耗，而且对增加室内舒适度和保证人体健康不利。

辐射供暖的特点是利用加热管（通热媒的管道）做供热部件向辐射表面供热。地板辐射供暖管道埋设在混凝土中，比加热管明装时管道的传热量有较大幅度的增加。主要原因就是利用管外包裹的混凝土或其他材料增加了散热表面积。因而，在相同的供暖设计热负荷下，辐射散热表面的温度可大幅度降低，从而可采用较低温度的热媒，如地热水、供暖回水等。

埋管式供暖辐射板的缺点是要与建筑结构同时安装，容易影响施工进程，如果埋管预制化则可大大加快施工进度。与建筑结构合成或贴附一体的供暖辐射板，热惰性大，启动时间长。在间歇供暖时，热惰性大，使室内温度波动较小，这一缺点此时可变成优点。埋管式供暖辐射板如果用金属管，接头渗漏时维修困难。采用耐老化、耐腐蚀、承压高、结垢轻、阻力小的铝塑复合管等管材，其制造长度可做到埋设部分无接头，易于施工，可实现一个地面供暖辐射板的盘管采用一整根无接头的管子。这些新型管材的生产为埋管式辐射板的应用创造了有利条件。

顶棚式辐射板热惰性小，能隔声，供暖时可适当提高热媒温度。可在顶棚式辐射板上方敷设照明电缆和通风管道等其他管道，检修时可不破坏建筑结构。顶棚式辐射板的缺点是增加房高。顶棚式辐射板在英国、法国、瑞典、挪威和瑞士等国家均得到应用。

踢脚板式供暖辐射板贴墙下踢脚线安装。可用于冬季室外气温不太低的地区中商店、展览厅等要求散热设备高度小，以及幼儿园、托儿所等希望贴近地面处温度较高的场所。

大多数辐射板不占用房间有效面积和空间。一些辐射板暗装在建筑结构内而见不到供热（供冷）设备，舒适美观。生产工厂预制的模块式辐射板，可进一步加快施工进度和有利于该项技术的推广。

辐射供暖可用于住宅和公共建筑。当地面辐射供暖用于热负荷大、散热器布置不便的住宅及公共建筑的入口大厅，希望地面温度较高的幼儿园、托儿所，希望脚底有温暖感的游泳池边的地面等。

辐射供暖除用于住宅和公共建筑外，还广泛用于高大空间的厂房、场馆和对洁净度有特殊要求的场合，如精密装配车间等。不宜用于要求迅速提高室内温度的间歇供暖系统和有大面积玻璃幕墙建筑的供暖系统。

电热辐射供暖具有辐射供暖和电供暖的优点：减少空气垂直对流及室内扬尘，水平温度场均匀、舒适；没有直接的燃烧排放物；便于分室、分户调节与控制室内温度；运行简便；占用室内建筑空间少；如用于间歇供暖时室温上升快、停止供暖时无冻坏供暖设备的危险。但电热辐射供暖要消耗高品位的电能，不符合能量逐级应用的原则，运行成本较高。

（二）辐射供冷

辐射供冷系统与辐射供暖系统一样，有多种形式。原则上，辐射板也可有整体式、贴附式和悬挂式。既可用于民用建筑供冷，也可用于工业建筑降温。但目前见得最多的是顶面式辐射板——冷却吊顶。这种辐射供冷方式在施工安装和维护方面较方便，不影响室内设施的布置，不易破坏辐射板和不易影响其供冷效果。冷却吊顶辐射供冷系统近年来在欧洲发展十分迅速。由于冷却吊顶从房间上部供冷，可降低室内垂直温度梯度，避免出现“上热下冷”的现象。因此，这种供冷方式能为人们提供较高的舒适感。但为了防止冷却吊顶表面结露，其表面温度必须高于室内露点温度。因此，冷却吊顶无除湿功能，不宜单独应用，通常与新风（经冷却去湿处理后的室外空气）系统结合在一起应用。新风系统用来承担房间的湿负荷（潜热负荷），同时又满足了人们对室内新风的需求。

三、辐射供暖与辐射供冷系统

（一）热水辐射供暖系统

热水辐射供暖系统的管路设计如同热水供暖系统，可采用上供式或下供式，也可采用单管或双管系统。墙面或窗下供暖辐射板可采用单管系统、双管系统或双线系统，但是，如为窗下供暖辐射板时只在房间窗下部分墙面上设置加热管。地面供暖辐射板、顶面供暖辐射板及地面-顶面供暖辐射板应采用双管系统，以利于调节和控制。供暖辐射板水平安装时，其加热管内的水流速不应小于0.25m/s，以便排气。应设置放气阀和放水阀。

还可在建筑物的个别房间（例如公用建筑的进厅）装设混凝土供暖辐射板。在这种情况下，热水供暖系统的设计供回水温度根据建筑物主要房间的供暖条件确定。个别房间如安装窗下供暖辐射板，可连接到供水管上；如安装顶面、地面供暖辐射板，可连到回水管上。

供暖辐射板本身阻力大（100~500kPa），是此类系统不易产生水力失调的基本原因之一。供暖辐射板作为末端装置，其阻力损失比散热器大得多，而且不同的辐射板阻力损失差别较大，因此，在一个供暖系统中宜采用同类供暖辐射板。否则，应有可靠的调节措施及调节性能好的阀门调节流量。

辐射供暖系统的最大工作压力不应大于加热管的最大承压能力。对热水系统而言，最大工作压力一般发生在系统的底层。低温热水地板辐射供暖系统的工作压力不宜大于0.8MPa，当超过上述压力时，应采取相应的措施。例如，可以采用竖向分区式热水供暖系统。

（二）冷却吊顶的水系统

冷却吊顶又称冷却顶板。冷却吊顶的传热有两种形式，即辐射和自然对流。两者的传热比例取决于顶板的结构形式及顶板附近的空气流动方式。当冷却吊顶下面的冷辐射面为封闭式时，两者的比例大约为1：1；而冷辐射面为开敞式或辐射面上有贯通的气流通道的对流冷却吊顶时，对流换热的比例则要大得多，供冷量也较大。

由于冷却吊顶供冷通常与新风系统结合在一起应用，因此，在给冷却吊顶系统提供冷冻水的同时，须考虑新风的处理方案。新风系统的主要任务是承担房间的湿负荷，须对新风进行除湿，以获得比较干燥的空气供给房间。除湿的方法可以用温度较低的冷冻水对空气进行冷却除湿处理，也可以采用吸收式或吸附式进行除湿。当新风系统也须由冷水机组提供冷量时，必须同时考虑冷却吊顶系统和新风系统对水系统有以下不同的要求：

①为了避免冷却吊顶表面结露，冷却吊顶要求的供水温度比较高，而新风系统的供水温度因除湿的要求要比冷却吊顶低得多。冷却吊顶的表面温度应比室内的露点温度高1~2℃，须根据冷却吊顶的结构形式与室内的设计参数来确定供水温度。一般情况下，冷却吊顶的供水温度在14~18℃，实际设计中，多采用16℃。新风系统的供水温度一般为6~7℃。

②一般来说，冷却吊顶供、回水温差为2℃，而新风系统的供水、回水温差一般为5℃。满足上述两条要求的系统形式有多种，下面介绍两种典型的系统。冷水机组供冷和冷却塔供冷相结合的水系统，冷水机组制备6~7℃的冷冻水并直接供新风系统使用；6~

7℃冷冻水再通过水-水板式换热器将18℃的水冷却到16℃，供冷却吊顶系统使用。当室外温度适宜时，可停止使用6~7℃的冷冻水，而利用冷却塔进行自然供冷。由于采用开式冷却塔，冷却水易被污染。因此，让冷却水通过板式换热器来提供冷却吊顶的用水。冷却吊顶的冷水系统是独立系统，它的供水温度可通过控制流经板式换热器的冷冻水（或冷却水）的流量来调节。冷却吊顶的供冷量通过电动阀控制（开或关）冷水流量来调节。该系统的优点是可以利用冷却塔提供的自然冷量。

上述两个水系统形式，新风系统（或其他系统，例如风机盘管系统）和冷却吊顶都采用了同一冷源（冷水机组），它只能按照要求最低的冷冻水供水温度运行，而要求温度较高的冷却吊顶系统的冷水只能靠二次换热或混合的办法来获得。无法用提高冷水机组的蒸发温度来实现节能运行。为此，可以把冷却吊顶系统与新风系统分设为两个独立的闭式水系统。利用两套独立的制冷系统分别向新风机组和冷却吊顶供冷冻水。这样，可提高冷却吊顶水系统的冷水机组供水温度，从而提高了该冷水机组的性能系数，减少耗电量。冷却吊顶与新风分设为两个独立水系统的缺点是要增加冷源设备和初投资。当新风采用吸收式或吸附式除湿，而不需要冷水机组提供的制冷量时，冷却吊顶可由独立的冷水机组提供冷冻水。

第三节　空调系统

一、空调系统的分类

（一）按建筑环境控制功能分类

第一，以建筑热湿环境为主要控制对象的系统。主要控制对象为建筑物室内的温湿度，属于这类系统的有空调系统和供暖系统。

第二，以建筑内污染物为主要控制对象的系统。主要控制建筑室内空气品质，如通风系统、建筑防烟排烟系统等。

上述两大类的控制对象和功能互有交叉。如以控制建筑室内空气品质为主要任务的通风系统，有时也可以有供暖功能，或除去余热和余湿的功能；而以控制室内热湿环境为主要任务的空调系统也具有控制室内空气品质的功能。

（二）按承担室内热负荷、冷负荷和湿负荷的介质分类

以建筑热湿环境为主要控制对象的系统，根据承担建筑环境中的热负荷、冷负荷和湿

负荷的介质不同，可以分为以下五类。

1. 全水系统

全水系统承担室内的热负荷和冷负荷。当为热水时，向室内提供热量，承担室内的热负荷，目前常用的热水供暖即为此类系统；当为冷水（常称冷冻水）时，向室内提供冷量，承担室内冷负荷和湿负荷。

2. 蒸汽系统

以蒸汽为介质，向建筑供应热量。可直接用于承担建筑物的热负荷，例如蒸汽供暖系统、以蒸汽为介质的暖风机系统等；也可以用于空气处理机中加热、加湿空气；还可以用于全水系统、热水供应系统或其他系统中热水的制备。

3. 全空气系统

全部用空气承担室内的冷负荷、热负荷。例如，向室内提供经处理的冷空气以除去室内显热冷负荷和潜热冷负荷，在室内不再需要附加冷却。

4. 空气-水系统

以空气和水为介质，共同承担室内的冷负荷、热负荷。例如，以水为介质的风机盘管向室内提供冷量或热量，承担室内部分冷负荷或热负荷，同时，有 新风系统向室内提供部分冷量或热量，而又满足室内对室外新鲜空气的需要。

5. 冷剂系统

以制冷剂为介质，直接用于对室内空气进行冷却、去湿或加热。实质上，这种系统是用带制冷机的空调器（空调机）来处理室内的负荷，所以，这种系统又称机组式系统。

（三）按空气处理设备的集中程度分类

以建筑热湿环境为主要控制对象的系统，又可以按对室内空气处理设备的集中程度来分类，可分为以下三类。

1. 集中式空调系统

集中式空调系统的所有空气处理机组及风机都设在集中的空调机房内，通过集中的送风、回风管道实现空调房间的降温和加热。集中式空调系统的优点是作用面积大，便于集中管理与控制。其缺点是占用建筑面积与空间，且当被调节房间负荷变化较大时，不易进行精确调节。集中式空调系统适用于建筑空间较大、各房间负荷变化规律类似的大型工艺性和舒适性空调。

2. 半集中式空调系统

半集中式空调系统除设有集中空调机房外，还设有分散在各房间内的二次设备（又称末端装置)，其中多半设有冷热交换装置（也称二次盘管)，其功能主要是处理那些未经集中空调设备处理的室内空气，例如风机盘管空调系统和诱导器空调系统就属于半集中式空调系统。半集中式空调系统的主要优点是易于分散控制和管理，设备占用建筑面积或空间少、安装方便。半集中式空调系统的缺点是无法常年维持室内温湿度恒定，维修量较大。这种系统多用于大型旅馆和办公楼等多房间建筑物的舒适性空调。

3. 分散式空调系统

分散式空调系统是将冷热源和空气处理设备、风机及自控设备等组装在一起的机组，分别对各被调房间进行空调。这种机组一般设在被调房间或其邻室内，因此，不需要集中空调机房。分散式系统使用灵活、布置方便，但具有较大维修工作量，有时室内卫生条件较差。

集中式空气调节系统的组成：

（1）进风部分

空气调节系统必须引入室外空气，常称“新风”。新风量的多少主要由系统的服务用途和卫生要求决定。新风的入口应设置在其周围不受污染影响的建筑物部位。新风口连同新风道、过滤网及新风调节阀等设备，即为空调系统的进风部分。

（2）空气处理设备

空气处理设备包括空气过滤器、预热器、喷水室（或表冷器)、再热器等，是对空气进行过滤和热湿处理的主要设备。它的作用是使室内空气达到预定的温度、湿度和洁净度。

（3）空气输送设备

它包括送风机、回风机、风道系统，以及装在风道上的调节阀、防火阀、消声器等设备。它的作用是将经过处理的空气按照预定要求输送到各个房间，并从房间内抽回或排出一定量的室内空气。

（4）空气分配装置

它包括设在空调房间内的各种送风口和回风口。它的作用是合理组织室内空气流动，以保证工作区内有均匀的温度、湿度、气流速度和洁净度。

（5）冷热源

除了上述四个主要部分以外，集中空调系统还有冷源、热源及自动控制和检测系统。空调装置的冷源分为自然冷源和人工冷源。自然冷源的使用受到多方面的限制。人工冷源是指通过制冷机获得冷量，目前人们主要采用人工冷源。

空调装置的热源也可分为自然热源和人工热源两种，自然热源是指太阳能和地热能，它的使用受到自然条件的多方面限制，因而应用并不普遍。人工热源是指通过燃煤、燃气、燃油锅炉或热泵机组等所产生的热量。

（四）按用途分类

以建筑热湿环境为主要控制对象的空调系统，按其用途或服务对象不同，可以分为以下两类。

1. 舒适性空调系统

舒适性空调系统简称舒适空调，为室内人员创造舒适健康环境的空调系统。舒适健康的环境令人精神愉快、精力充沛，工作学习效率提高，有益于身心健康。办公楼、旅馆、商店、影剧院、图书馆、餐厅、体育馆、娱乐场所、候机或候车大厅等建筑中所用的空调都属于舒适空调。由于人的舒适感在一定的空气参数范围内，所以这类空调对温度和湿度波动的要求并不严格。

2. 工艺性空调系统

工艺性空调系统又称工业空调，为生产工艺过程或设备运行创造必要环境条件的空调系统，工作人员的舒适要求有条件时可兼顾。由于工业生产类型不同、各种高精度设备的运行条件也不同，因此，工艺性空调的功能、系统形式等差别很大。例如，半导体元器件生产对空气中含尘浓度极为敏感，要求有很高的空气净化程度；棉纺织布车间对相对湿度要求很严格，一般控制在 70%～75%；计量室要求全年基准的温度为 20℃，波动为±1℃；高等级的长度计量室要求温度为 20±0. 2℃；Ⅰ级坐标使用要求环境温度 20±1℃；抗菌素生产要求无菌条件；等等。

（五）以建筑内污染物为主要控制对象分类

1. 按用途分类

①工业与民用建筑通风——以治理工业生产过程和建筑中人员及其活动所产生的污染物为目标的通风系统。

②建筑防烟和排烟——以控制建筑火灾烟气流动，创造无烟的人员疏散通道或安全区的通风系统。

③事故通风——排除突发事件产生的大量有燃烧、爆炸危害或有毒气体、蒸汽的通风系统。

2. 按通风的服务范围分类

①全面通风：向某一房间送入清洁新鲜空气，稀释室内空气中污染物的浓度，同时，

把含污染物的空气排到室外，从而使室内空气中污染物的浓度达到卫生标准的要求的通风。这种通风也称为稀释通风。

②局部通风：控制室内局部地区污染物的传播或控制局部地区污染物浓度达到卫生标准要求的通风。

二、全空气系统

全空气系统是完全由空气来担负房间的冷热负荷的系统。一个全空气空调系统通过输送冷空气向房间提供显热冷量和潜热冷量，或输送热空气向房间提供热量，对空气的冷却、去湿或加热、加湿处理完全由集中于空调机房内的空气处理机组来完成，在房间内不再进行补充冷却；对输送到房间内空气的加热可在空调机房内完成，也可在各房间内完成。全空气空调系统的空气处理基本上集中于空调机房内完成，因此，常称为集中空调系统。集中空调系统的机房一般设在空调房间外，如地下室、屋顶间或其他辅助房间。一个全空气集中空调系统可以为一个或多个房间服务，也可以为房间内某些区域服务。其实全空气空调系统根据不同的特征还可以进行如下分类：①按送风参数的数量来分类；②按送风量是否恒定来分类；③按所使用空气的来源来分类。

（一）空气处理过程

1. 送风量和送风参数的确定

设有一空调房间，确定送入一定量经处理的空气，消除室内负荷后排出。假定送入室内的空气（称送风）吸收热量和湿量后，状态变化到室内状态，且房间内温湿度均匀，排出房间的空气参数即为室内空气的参数。当系统达到平衡后，全热量、显热量和湿量都达到平衡，即

全热平衡

$$\dot{M}_s h_s + \dot{Q}_c = \dot{M}_s h_R \tag{1-3}$$

$$\dot{M}_s = \frac{\dot{Q}_c}{h_R - h_s} \tag{1-4}$$

显热平衡

$$\dot{M}_s c_p t_s + \dot{Q}_{c,s} = \dot{M}_s c_p t_R \tag{1-5}$$

$$\dot{M}_s = \frac{\dot{Q}_{c,s}}{c_p(t_R - t_s)} \tag{1-6}$$

湿平衡

$$\dot{M}_s d_s \times 10^{-3} + \dot{M}_w = \dot{M}_s d_R \times 10^{-3} \tag{1-7}$$

$$\dot{M}_s = \frac{1000\dot{M}_w}{d_R - d_s} \tag{1-8}$$

式中：$\dot{M}_s$ ——送入房间的风量，称送风量，kg/s；

$\dot{Q}_c$，$\dot{Q}_{c,s}$ ——分别为房间的全热冷负荷和显热冷负荷，kW；

$\dot{M}_w$ ——房间湿负荷，kg/s；

h_R、h_s ——分别为室内空气和送风的比焓，kJ/kg；

t_R、t_s ——分别为室内空气和送风的温度，℃；

d_R、d_S ——分别为室内空气和送风的含湿量，g/kg；

c_p ——空气定压比热，kJ/（kg · ℃）。

式（1-4）、式（1-5）和式（1-8）都可以用于确定消除室内负荷的送风量，即送风量计算公式。

对于全年应用的全空气空调系统，冬季的送风量就取夏季设计条件下确定的送风量。这时只需要确定冬季的送风状态点。在冬季室外温度较低的地区，室内通常要供热。其空调设计热负荷主要是建筑围护结构热负荷。当室内有稳定的热源、湿源时，总热负荷中应扣除热源的散热量，还应考虑湿源的散湿量；而当室内的热源和湿源随机性很大时，就不宜考虑。

2. 确定空调系统的新风量

确定最小新风量的原则：

空调系统除了满足对室内如下环境的温、湿度控制以外，还须给环境提供足够的室外新鲜空气（简称新风）。

（1）人员必需通风量

对于以人群活动为主的建筑，人群是主要污染源，人体的 CO_2 的散发量指示了人体的生物散发物。因此，这类建筑都是用稀释人体散发的 CO_2 来确定必需的通风量——人员所需的最小新风量。人体的 CO_2 发生量与人体代谢率有关，即

$$\dot{q} = 4 \times 10^{-5}(MA_p) \tag{1-9}$$

式中：$\dot{q}$ ——每个人的 CO_2 发生量，L/s；

M ——新陈代谢率，W/m^2；

A_p ——人体表面积，m^2。

（2）补充排风量或燃烧需要的空气量

排风量的大小暂且不讨论，建筑物内有燃气热水器、燃气灶和火锅炉等燃烧设备。燃烧设备燃烧时要消耗空气中的氧气。如果这些燃烧设备在空调系统所控制的室内环境中，系统必须给予补充新风，以弥补燃烧所消耗的空气。燃烧所需的空气量可从燃烧设备的样本或说明书中获得，如无确切资料时，可根据燃料的种类和消耗量来估算，估算公式为：

①液体燃料：

$$V_1 = 0.228 \times 10^{-3} q_1 \quad (1-10)$$

②气体燃料：

$$V_g = 0.252 \times 10^{-3} q_g \quad (1-11)$$

式中：V_1——每 kg 液体燃料需要的空气量，m^3

V_g——每 kg 气体燃料需要的空气量，m^3；

q_1——液体燃料的热值，kj/kg；

q_g——气体燃料的热值，kj/m^3；

火锅餐厅中常用的燃料——酒精，燃烧需要的空气量实测值约为 3.81m^3/kg。

（二）定风量单风道系统

单风道系统指空调系统送出单一参数的空气。露点送风指空气经冷却处理到接近饱和状态点（称机器露点），不经再加热送入室内。夏季工况为：送风在机房内经冷却去湿处理后，送到室内，消除室内的冷负荷和湿负荷；回风机从室内吸出空气（称回风），一部分空气用于再循环（称再循环回风），并与新风混合，经处理后再送入房间，另一部分直接排到室外，称为排风。冬季工况为：送风在机房内经过滤、加热、加湿后，送到房间，其循环方式同夏季。这个系统的送风是部分回风与新风的混合风，故又称回风式系统（混合式系统）。设置回风机的系统称为双风机系统，这种系统可根据季节调节新风、回风量之比，在过渡季可以充分利用室外空气的自然冷量，实现全新风经济运行，从而节约能耗；而在夏季和冬季可以采用最小新风量。不设回风机的系统称为单风机系统，这种系统在过渡季难以实现全新风运行，除非在房间内设排风系统，否则会造成房间内正压太大，导致门启闭困难。在一些寒冷地区，新风与回风的混合点可能处于雾区，这时必须对新风进行预热。

三、空气-水系统

空气-水系统是由空气和水共同来承担空调房间冷、热负荷的系统，除了向房间内送入经处理的空气外，还在房间内设有以水作为介质的末端设备对室内空气进行冷却或加热。在全空气系统中，为了对房间温度进行调节，有时在房间内或末端设备（如变风量末端机组）中设置加热盘管（用热水、蒸汽或电），这种系统不算作空气-水系统，仍属全空气系统。

（一）空气-水系统的特点及应用

空气-水系统的特点：风道、机房占建筑空间小，无须设回风管道；如果采用四管制，可同时供热、供冷；而在过渡季节不能采用全新风系统；检修比较麻烦，湿工况要除霉菌；部分负荷时除湿能力下降。

根据在房间内末端设备的形式可分为以下三种系统：

1. 空气-水风机盘管系统

在房间内设置风机盘管的空气-水系统。其特点是：可用于建筑周边处理周边负荷，系统分区调节容易；风量、水量均可调节，可独立调节或开停而不影响其他房间，运行费用低；风机余压小，不能用高性能空气过滤器。通常适用于客房、办公楼、商用建筑等。

2. 空气-水诱导器系统

在房间内设置诱导器（带有盘管）的空气 水系统。其特点是：末端噪声大；个别旁通风门控制不灵，管道系统复杂；过滤二次风难，新风量取决于带动二次风的动力要求，空气输送动力消耗大。房间同时使用率低的场合不适用，因此逐渐被风机盘管所取代。

3. 空气-水辐射板系统

房间内设置辐射板（供冷或供暖）的空气-水系统。其特点是：可用于抵消窗际辐射和处理周边负荷；无吹风感，舒适性较好，室温可以提高；承担瞬时负荷能力强，但单位面积承担负荷能力有限。

上述分类只是全空气系统和空气-水系统主要的分类方式，还有其他分类方式。目前国内最普遍使用的空调系统包括：①集中式中央空调系统（定风量单风道空调系统、全空气系统），包括商场、影剧院、宾馆大厅、体育馆等；②风机盘管加新风系统（半集中式系统），包括办公室建筑、宾馆客房等；③家用空调（局部空调系统），包括住宅、办公室等。

（二）空气-水的风机盘管系统

空气-水风机盘管系统习惯上称为风机盘管加独立新风系统。它是空气-水系统中的一种形式，是目前应用广泛的一种空调系统方式，室内的冷、热负荷和新风的冷热负荷由风机盘管与新风系统共同承担。

1. 新风系统的功能与划分

新风系统承担着向房间提供新风的任务。风机盘管加独立新风系统一般用于民用建筑中，因此，新风系统的主要功能是满足稀释人群活动所产生污染物的要求和人对室外新风的需求。新风量可以根据规范和有关设计手册按照人数或建筑面积进行确定。新风系统的划分原则：①按照房间功能和使用时间划分系统，即相同功能和使用时间基本一致的可合为一个新风系统；②有条件时，分楼层设置新风系统；③高层建筑中，可若干楼层合用一个新风系统，但切忌系统太大，否则分配各个房间的风量很有限。

2. 房间中新风的送风方式

房间中新风供应有以下两种方式。①直接送到风机盘管吸入端，与房间的回风混合后，再被风机盘管冷却（或加热）后送入室内。这种方式的优点是比较简单，缺点是一旦风机盘管停机后，新风将从回风口吹出，回风口一般都有过滤器，此时过滤器上灰尘将被吹入房间；如果新风已经冷却到低于室内温度，将导致风机盘管进风温度降低，从而降低风机盘管的出力。因此，一般不推荐采用这种送风方式。②新风与风机盘管的送风并联送出，可以混合后再送出，也可以各自单独送入室内。这种系统的安装稍微复杂一些，但避免了上述两条缺点，卫生条件好，应优先采用这种方式。

3. 空气-水风机盘管系统中风机盘管的选择

风机盘管容量的确定应考虑新风系统所承担的室内冷负荷。风机盘管所承担的冷负荷如 $\dot{Q}_{\mathrm{Fc}}$（kW）应为

$$\dot{Q}_{FC} = \dot{Q}_c - \rho \dot{V}_o (h_{\mathrm{R}} - h_{\mathrm{D}}) \tag{1-12}$$

式中符号同前。根据 $\dot{Q}_{Fc}$ 先选择风机盘管的规格。若采用方案二的新风处理方案，则风机盘管直接根据室内冷负荷进行选择。

4. 空气-水风机盘管系统的运行调节

空气-水风机盘管系统的运行调节分为两大部分：设在房间内的风机盘管和新风系统的运行调节；房间内的风机盘管的供冷量或供热量根据房间内的温度进行调节。新风系统的运行调节相对于全空气空调系统来说比较简单。夏季将新风冷却并恒定在设计确定的新风温度（t_b）。当室外新风温度如 t_0<tb，且室内有冷负荷时，新风可以不经冷却或加热处理直接进入室内；但当室外空气温度较低时，就不宜直接进入室内，以避免室内吹冷风。对于一般的舒适性空调建筑，当送新风的高度在 5m 以下时，送入新风的温度不宜低于 14℃；当送新风的高度在 5m 以上时，新风的温度不宜低于 10℃。因此，当室外温度低于上述温度时，即使室内仍有冷负荷，也应对新风进行加热，并保持某一允许的较低温度

值。冬季若新风系统所负担的区域室内有热负荷，则应将新风加热到室内温度，并进行必要的加湿；若新风系统担负的区域中有的须供冷（如内区），有的须供热（周边区），则宜将新风加热和加湿到制冷工况所确定的新风状态点。这时对于需要供热的区域来说，新风给室内带入一些热负荷，必须由风机盘管来承担。由于风机盘管的供热能力远大于制冷能力，新风所带入的热负荷完全有能力承担。

四、冷剂式系统

冷剂式空调系统是空调房间的负荷由制冷剂直接负担的系统。制冷系统蒸发器或冷凝器直接从空调房间吸收（或放出）热量。冷剂式空调系统也称机组式系统。这是一项室内热湿环境的有效控制技术。

空调机组是由空气处理设备（空气冷却器、空气加热器、加湿器、过滤器等）、通风机和制冷设备（制冷压缩机、节流机构等）组成的空气调节设备。它由制造厂家整机供应，用户按照机组规格、型号选用即可，不需要对机组中各个部件与设备进行选择计算。

（一）冷剂式空调系统的特点

①空调机组具有结构紧凑、体积小、占地面积小、自动化程度高等优点。

②空调机组可以直接设置在空调房间内，也可以安装在空调机房内，所占机房面积较小，只是集中空调系统的50%，机房层高也相对较低。

③由于机组的分散布置，可以使各空调房间根据自己的需要启停各自的空调机组，以满足不同的使用需求，因此，机组系统使用灵活方便。同时，各空调房间之间也不会互相污染、串声，发生火灾时，也不会通过风道蔓延，对建筑防火有利。但是，分散布置，使维修与管理较麻烦。

④机组安装简单、工期短、投产快。对于风冷式机组来说，在现场只要接上电源，机组即可投入运行。

⑤近年来，热泵式空调机组的发展很快。热泵空调机组系统是具有显著节能效益和环保效益的空调系统。

⑥一般来说，机组系统就地制冷、制热，冷量、热量的输送损失少。

⑦机组系统的能量消费计量方便，便于分户计量，分户收费。

⑧空调机组能源的选择和组合受到限制。目前，普遍采用电力驱动。

⑨空调机组的制冷性能系数较小，一般为2.5~3。同时，机组系统不能按照室外一般气象参数的变化和室内负荷的变化实现全年多工况节能运行调节，过渡季也不能用全新风。

⑩整体式机组系统，房间内噪声大，而分体式机组系统房间的噪声低。

⑪设备使用寿命较短，一般约为 10 年。

⑫部分机组系统对建筑物外观有一定的影响。安装房间空调机组后，经常破坏建筑物原有的建筑立面。另外，还有噪声、凝结水、冷凝器热风对周围环境造成的污染。

（二）多联式空调机组

多联式空调机组（简称多联机）是由室外机配置多台室内机组成的冷剂式空调系统。为了适时地满足各房间冷、热负荷的要求，多联机采用电子控制供给各个室内机盘管的制冷剂流量和通过控制压缩机改变系统的制冷剂循环量。因此，多联机系统是变制冷剂流量系统。

几十年来，几十万瓦以上的空调系统，一般采用集中式中央空调系统。但是，由于多联机系统是以制冷剂作为热传送介质，其每千克传送的热量是 205kJ，几乎是水的 10 倍，空气的 20 倍，同时，可根据室内负荷的变化，瞬间进行容量调整（采用变频技术或多台压缩机组合或数码涡旋技术等改变制冷系统的质量流量），使多联机系统能在高效率工况下运行，是一种节能型的空调系统。多联机系统又常以其模式结构组合成灵活多变的系统。这样，多联机系统就可以解决集中式中央空调系统存在的诸如输送管道断面尺寸大、要求建筑物层高增加、占用大量的机房面积、维修费用高等难题。因此，多联机系统的诞生向传统的集中式中央空调系统发出了强劲的挑战，成为几百到上万平方米空调区域的新建及改建工程中实用而有意义的空调方式。

多联机系统与传统的空调系统相比，具有如下特点：

①设备少、管路简单、节省建筑面积与空间。多联机系统常采用风冷方式，并将制冷剂直接送入室内，不需要冷却水和冷冻水系统，从而省去冷却水循环水泵、冷冻水循环水泵、冷却塔等辅助设备及相应的水管系统；多联机系统不需要庞大的风道系统，从而减少了建筑物中的占用空间，可以降低楼层高度；超级多联机系统由于采用组合式室外机，可使制冷剂管道约减少 30%，约节省 70%的管道井面积及空间；室外机安装在室外或屋顶，不占用制冷机房，同时也不需要空调机房。

②布置灵活。设计者可以根据建筑物的用途、不同的负荷、装饰风格等来灵活地选择室内机。由于多联机系统有很长的配管系统和较大的高度差，布置安装灵活方便，可满足各种建筑物的要求。

③具有节能效益。例如，超级 VRV 系统由于采用变频型室外机与恒速型室外机组合，使系统的容量可在 5%～100%之间调节，完全可以满足不同季节不同负荷的要求，同时也使组合式室外机与室内机有更佳的匹配关系，即使在低负荷（额定负荷的 30%）下运行

时，机组的性能系数值仍可达 3.4 左右，VRVⅢ新产品 8HP 机 COP（制冷）达 4.27，平均 COP 为 3.75，由此带来节能效益。室内机可单独控制，故不需要空调的房间，可以根据使用者的要求关闭室内机，从而节约了能源。不同房间可以设定不同的温度，既提高了舒适水平，又避免了集中控制造成的能源浪费。将制冷剂送入室内，直接冷却室内空气，无二次换热，提高了能源利用率。

④运行管理方便、维修简单。多联机系统具有多种控制方式，对室内机可选用有线或无线遥控器，根据用户的需要分别采用单遥控、双遥控、组控及中央控制等方式，也可与楼宇自控系统联网，实现计算机统一控制管理，十分方便。系统可视需求分层、分区、分户控制，分别计量，分别计费。系统具有故障自动诊断功能，可以自动显示出故障的类型和部位，以便迅速而简单地进行维修。因而，不需要专门的管理人员，提高了检修效率。

⑤多联机系统的经济效率显著。多联机系统的初投资成本较大。现以 VRV 系统为例，一般来说，VRV 系统比一般集中式空调装置约贵 30%。由于安装费用、运转成本、维修成本和能量消耗等较低，所以，多联机系统总的寿命成本仅是冷水机组系统的 86%左右。由此可见，其经济效益是十分显著的。但是，目前多联机产品的价格偏高，仍难以让用户接受多联机系统。

⑥联机系统容量可根据建筑物负荷的大小自由组合，并具有灵活的扩展能力，因此，多联机系统是一种灵活多变的空调系统。

⑦多联机系统制冷剂管路过长，导致系统的制冷（热）能力下降。众所周知，系统配管长，制冷剂流动阻力损失就大，使室外机（主机）吸气压力降低，这又引起吸气比容的相应增大，最终导致系统能力衰减。

⑧多联机系统内制冷剂充灌量大，微小的泄漏也会影响系统的正常运行。

第二章 暖通空调节能减排

第一节 热源热网与供暖环境的节能减排

一、热源系统的节能减排

热源系统的节能减排是指燃煤供热锅炉和燃气供热锅炉供热系统的节能减排。

（一）热源系统的节能综述

1. 热源系统的节能概况

我国的能源政策是贯彻开发与节约并举的方针，节约能源是国家发展经济的一项长远战略任务。加快建设资源节约型、环境友好型社会，提高生态文明水平、保持经济可持续发展，是当前制订国民经济和社会发展规划的重要内容。在国民经济迅速发展期间，面对资源和环境的约束，必须增强危机感，要积极采取有效的应对措施。为了推进社会节能，就要加强用能管理，采取技术上可行，经济上合理，兼顾环境条件和经济承受能力允许的措施。健全有效管理机制、加强资源节约型的生产和消费模式。合理控制能源消耗总量，强化节能目标考核，推广先进节能技术和节能设备。在生产运行中尽可能降低单位产品能耗和单位产值能耗；在制度上加强对节约能源的管理；在能源的生产、运输和使用过程中，杜绝各个环节的损失，降低单位产值能耗，逐步提高能源的有效利用率，促进国民经济向节能型社会发展。随着国民经济的迅速发展和人民生活水平的不断提高，对能源的需求量增加很大。从能源的消耗利用情况来看，存在两大突出问题，一是能源短缺，二是温室气体排放量增加，这两者都需要从节约能源着手来解决，特别是减少化石燃料的消耗量尤为重要。

为减少温室气体排放量的节能要求：不能对燃料燃烧产生的温室气体采用排烟处理的方法减少其排放量，而只能用降低燃料消耗量的方法才能减少温室气体的排放量，也就是说减排必须节能。全球气候变化已经引起了国际社会的广泛关注，如何采取有效措施减少温室气体排放正逐步成为环境、政治、经济领域共同关注的焦点。温室气体排放主要来自化石能源消耗，控制温室气体排放的重点在于节能，潜力和成本优势也在节能。因此在工业和民用领域应对气候变化都要以提高能效为核心，优化用能结构、大力提高能效利用水平，降低能源消耗强度和温室气体排放强度，实现我国经济持续发展和应对气候变化双赢。

2. 热源系统的节能技术要求

根据现行相关标准和规范，热源厂供热系统可以主要从节约燃料、节约用电和节约用水方面进行热源节能。

（1）节约燃料

锅炉是否节约燃料，主要看锅炉热效率的高低，因此，对燃煤锅炉和燃气锅炉的热效率都应有具体的要求。燃气锅炉的可燃气体不完全燃烧损失很小，所以燃气锅炉的热效率较高，一般小型燃气锅炉的热效率也能达到90%以上。为了节能，燃气锅炉还可以采用冷凝余热回收利用的方法，使其热效率进一步提高，产生明显的节能效果。

（2）节电要求

热源厂能耗最大的是燃料，其次是电能消耗。各种不同炉型、不同燃料、不同的工艺流程、不同的辅机设备和供热参数，其电能消耗是有差别的。

热网循环泵单位输热量的电耗量不应高于规定值的1.1倍。间接供热时，循环泵电耗量为一级管网循环泵和二级管网循环泵电耗量的总和。在实际工程项目中，应积极采取各种有效措施，减少热源系统的电能消耗。

（二）热源系统的节能途径及措施

1. 节约燃料

（1）燃煤锅炉

供热系统中热源厂的主要设备是锅炉，在燃煤锅炉选择时，应选用14MW以上较大容量的锅炉，以集中供热方式代替小锅炉分散供热。较大燃煤锅炉比小型锅炉有较高的效率，这样在实际运行中就可节省大量的用煤量。在运行时，热工控制系统采用先进的分散式控制系统（DCS），由计算机控制机组启停，并进行技术处理和参数调整，以保证锅炉系统始终在最佳经济工况下运行，以达到节省燃煤和减少配套辅机能耗的目的。外表温度超过50℃的设备和管道都应进行良好的保温，以减少散热损失，达到节约燃料的目的。

（2）燃气锅炉

小容量的燃气锅炉也有较高的热效率，因此燃气锅炉可以采用分布式供热模式，这样省去大量的供热管道工程。在用于供热锅炉的燃气中，一般含硫量都很低或不含硫，这样锅炉排出的烟气温度可降得低一些，不会引起受热面的低温腐蚀。所以，对于燃气锅炉，可以采用回收冷凝余热的方法来提高锅炉热效率，这样也就达到节省燃气消耗量的目的。

2. 节约用电

减少热源厂内电耗，首先是要选用大型高效节能设备，同时也要保证大部分时间内设备处于高效率状态下运行。在工艺方面，对供热管道和烟风管道等采用合理流速，控制管道压降损失在推荐范围内，以减少辅机设备电耗。在控制方面，可采用变频技术对风机和水泵进行自动控制，以便根据不同的负荷状态及参数来调节电机转速，达到节约能源、减少电耗的目的。供电方面应优化电缆路径，减少线路损耗。厂房的通风系统优先采用自然进风和自然排风的方式，以节约用电。热源厂各处照明应选用节能灯具，以减少用电。优先选用低损耗变压器，以降低变压器的空载损耗和负荷损耗，提高变压器效率，节约用电。

3. 节约用水

热源厂最大一项用水为供热系统补水，其补水量的大小应按规定补水量的要求执行。尽可能循环利用设备冷却水，燃煤锅炉的排污水可以用于冲灰渣。烟气系统的脱硫可优先选用干法方式，以减少脱硫系统的用水量。

4. 加强热源节能管理

（1）制定管理规程

按照有关法律、法规、标准和规范，制定一套加强热源厂节能管理的规章制度和有效措施，明确各部门应尽的职能和各岗位要负的责任，使节能管理有章可循，有法可依。

（2）设备和实施配置与控制的管理

首先，应选择对能源消耗、能源利用效率有重要影响的设备和设施，并确保重点用能设备和设施的允许能效规定值，定期监控其能源消耗和能源利用效率水平。同时，应进行有效的设备维护、保养，以保持能源的有效利用。

（3）在能源采购方面的管理

应确保采购和配置适宜的一次能源和二次能源，使之达到降低消耗和提高能源利用率的目的。例如，要考虑能源的质量、可获得性以及经济性等因素，对采购的能源产品进行计量和检验质量。

（4）在运行过程中的管理

在热源厂的供热过程中，应确定和控制对能源消耗和能源利用率有影响的工艺过程，淘汰落后的工艺和设备。监控过程的能源消耗和能源利用率，定期进行能源统计和能耗状况分析。在运行过程中，严格控制烟气含氧量、排烟温度、炉渣含碳量等运行指标，提高锅炉运行热效率，减少燃料消耗量。加强炉体保温和密封，以减少散热和泄漏损失。对表面温度50℃以上的设备和管道进行有效的保温，减少散热损失。同时应做好对设备和管道系统的维修，减少跑、冒、滴、漏损失。

（5）节能管理机构

根据热源供热系统的规模大小，建立相应的节能管理机构，全面负责热源厂的日常节能工作。节能管理部门应设立管理岗位，配备具有专业知识和实际经验的技术人员作为能源管理员，负责能源利用情况的监督、检查，定期向节能管理部门报送能源利用情况的报告。

（三）热源系统的减排综述

1. 热源减排概况

节能减排在供热行业是一个永恒的主题。供热锅炉节省燃料消耗量，在一定程度上也减少了污染物的排放量。燃煤中的硫在燃烧过程中会生成SO_2，燃煤中的氮在燃烧过程中会生成氮氧化物，这些有害气体都会对大气造成污染。因此，对燃煤造成的严重污染现状，应切实采取积极有效的措施以改变这种局面。

2. 热源减排要求

锅炉大气污染排放标准对65t/h以下的蒸汽锅炉、各种容量的热水锅炉等的排放物提出具体要求。

（1）对烟囱要求

每个新建燃煤锅炉房只能设一根烟囱，烟囱高度应根据锅炉房装机容量来设计。燃油、燃气锅炉烟囱不低于8m，锅炉烟囱的具体高度按批复的环境影响评价文件确定。新建锅炉房的烟囱周围200m距离内有建筑物时，其烟囱应高出最高建筑物3m。

（2）大气污染物监测要求

锅炉使用单位应按照有关法律和相关规定建立企业监测制度，制订监测方案，严格执行大气污染物浓度测定方法标准。

（四）热源系统的减排途径及措施

1. 利用清洁能源

从现在情况来看，可大量用于供热的清洁能源主要有电能和天然气。电能供热是利用晚间廉价的低谷电对电锅炉进行储热的技术，白天不用电能加热供热介质，只须把达到一定温度的供热介质送到用户即可。合理的低谷电价比燃气锅炉的运行费用要低，基本上可与燃煤锅炉供热时运行费用持平。但电储热锅炉供热的一次投资费用高，每平方米住宅采暖面积需投资100元左右，一般供热单位比较难承受；同时，电是二次能源，我国现以火力发电为主，因此在电厂周围也存在污染问题。天然气锅炉供热的一次建设投资比燃煤锅炉供热的一次建设投资还低，单位住宅采暖面积的一次建设投资约为电储热锅炉供热一次建设投资的1/4。但是由于天然气价格较高，供热运行成本约为燃煤锅炉供热成本的两倍。若能通过政府各有关主管部门协商，把天然气价格降到一个合理价位，再考虑地方财政拿出一定补贴费用等措施，发展天然气锅炉供热是有前景的，所以清洁能源的利用也应以天然气为主较好。

2. 利用优质煤炭

在我国燃料构成中，以煤为主是长期形成的事实，一下完全改变燃料结构不太切合实际情况。因此，应根据不同地区情况，限制劣质煤的使用，要求燃用优质煤，以减少污染。

3. 烟气净化处理

（1）烟气除尘

较大燃煤锅炉的除尘主要有静电除尘、布袋除尘和电袋除尘三种方式。

①静电除尘

静电除尘器是以静电净化法来收捕烟气中的粉尘污染物，它的净化工作主要是依靠电晕极和沉淀极这两个系统来完成的。当含有粉尘颗粒的烟气，在接有高压直流电源的阴极线（又称电晕极）和接地的阳极板之间所形成的高压电场通过时，由于阴极发生电晕放电，气体被电离。此时，带负电的气体离子，在电场力的作用下向阳极板运动，在运动中与粉尘颗粒相碰，则使尘粒荷以负电。荷电后的尘粒在电场力的作用下，也向阳极运动，达到阳极后，放出所带电子，尘粒则沉积于阳极板上，而得到净化的气体排出除尘器外。

静电除尘器的特点是净化效率高，阻力损失小、运行温度高，处理气体量大，可实现全自动控制。

②布袋除尘器

布袋除尘器是以织物纤维滤料采用过滤技术，将烟气中的固体颗粒过滤下来的设备。这种表面过滤方式是以纤维过滤和粉尘层过滤的组合形式。其除尘机理具体表现为筛滤、惯性碰撞、扩散和重力沉降等作用。布袋除尘器的效果好坏主要取决于纤维材料，这种材料是合成纤维、天然纤维或玻璃纤维织成的布或毡，并把它缝成圆筒形或扁平形的滤袋。

布袋除尘器的特点是净化效率高，捕集细微粉尘效果好，处理烟气量大，可实现全自动控制，但运行阻力偏大。

③电袋除尘器

电袋除尘器是充分利用静电除尘器和布袋除尘器的优点，先由静电除尘器的电场捕集烟气中的大量粉尘，再经布袋收集剩余的细微粉尘，这是一种高效的组合式除尘器。

电袋除尘器的特点是除尘效率具有有效性和稳定性，阻力比纯布袋除尘器低 500Pa 左右，清灰周期长，可延长滤布使用寿命。

（2）烟气脱硫处理

①石灰石法

石灰石脱硫法的液气比宜大于 $10L/m^3$，钙硫比宜小于 1.05。此法液气比大，脱硫所需循环水量也大，总能耗高。

②石灰法

石灰法脱硫也是最早的烟气脱硫方法之一，工艺成熟，使用范围广。

石灰脱硫法的液气比宜大于 $5L/m^3$，钙硫比宜小于 1。此法液气比较大，脱硫所需循环水量也较大，因此总能耗较高。

③双碱法

为了克服石灰石和石灰法脱硫效率差、能耗高、易结垢等缺点，又开发了双碱法脱硫。这种方法已有成熟的运行经验，得到广泛应用。

双碱法脱硫的液气比宜大于 $2L/m^3$，钙硫比宜小于 1.1，因液气比小，脱硫循环少，所以总能耗低。但需两套加入脱硫剂的装置，工艺系统和控制方式稍复杂。

④氧化镁法

氧化镁法脱硫系统是以氧化镁为原料，经熟化生成氢氧化镁作为脱硫剂的一种先进、高效、经济的脱硫系统。

氧化镁法脱硫的液气比宜大于 $2L/m^3$，镁硫比宜小于 1.05，此法的液气比和镁硫比都小，使脱硫循环水少，脱硫原料消耗也少，总能耗低，所以有较好的经济效益。当采用机械方法收集脱硫副产物时，对 $MgSO_3$ 可以不进行氧化，因此，脱硫系统可采用氧化风机，以节约电耗。

⑤烟气脱硫的发展趋势

湿法烟气脱硫系统运行时间较长，有成熟的运行经验，也有较好的脱硫效果，但与近几年发展起来的干式脱硫工艺相比，还是有些不足之处。湿式脱硫系统流程长，操作、维护复杂，对系统有防腐蚀要求，系统能耗高，水耗大，投资成本高，占地面积大。在脱硫塔内，烟气与喷成雾状的脱硫液逆流接触进行脱硫反应，同时也有热交换过程，使排烟温度下降 90~100℃。这些热量把脱硫液中的水加热变成水蒸气，塔顶的除雾器只能除水滴、不能除水蒸气（水蒸气量约占锅炉容量的5%），这部分水蒸气经烟道至烟囱排出。由于沿途的温降，使水蒸气凝结成水，严重时会形成烟囱雨。在烟囱内形成凝水的部分由烟囱底部排出，未形成凝结水的水蒸气随烟气一同排入大气。当遇到低气压时，气流难以扩散，水蒸气在空中遇冷就会形成雾层停留在空中。

干式脱硫方式可以克服湿式脱硫方式的不足之处，而且运行稳定，脱硫效率高，所以今后的发展趋势宜逐渐采用干式脱硫方式来代替湿式脱硫方式。

（3）烟气脱硝处理

①氮氧化物的生成

燃料在燃烧过程中生成的氮氧化物90%为NO，其他为NO_2，其中又可分为燃料型氮氧化物和温度型氮氧化物。

燃料型氮氧化物：是指燃料中的氮在一定温度下生成的氮氧化物，其生成量的多少与燃料中的含氮量和燃烧方式有关。燃煤层燃锅炉氮氧化物的生成率为25%~50%，煤粉锅炉氮氧化物的生成率为20%~25%。

温度型氮氧化物：是指空气中的氮在高温下氧化生成的氮氧化物，生成量的多少与燃烧温度有关，温度越高生成量越多，因此，可以用控制燃烧技术的方法来控制温度型氮氧化物的生成量。

②烟气脱硝方法

燃煤锅炉对氮氧化物污染的控制技术包括低氮燃烧和烟气脱硝两种方法。低氮燃烧技术具有投资少和运行费用低的特点，因此，燃煤锅炉首先考虑采用低氮燃烧装置技术，以减少氮氧化物的产生。但由于低氮燃烧技术只能将氮氧化物的生成率控制在一定范围内，因此单独采用低氮燃烧方式已不能满足日益提高的环保要求，所以目前的燃煤锅炉都采用了相应的烟气脱硝装置。

根据不同反应温度可以分为高温脱硝（SNCR技术）、中温脱硝（SCR技术）和低温脱硝（COA技术）。高温脱硝反应温度在850~1100℃，中温脱硝反应温度在280~420℃，低温脱硝反应温度在60~90℃。

a. 高温脱硝（SNCR）。这里所说的高温脱硝是指选择性非催化还原（SNCR）方法，主要是向850~1100℃范围内的高温烟气中喷入氨溶液或尿素溶液等还原剂，通过还原剂产生的氨自由基与烟气中的氮氧化物发生反应，还原生成N_2和H_2O。脱硝效率与温度范围、还原剂的分布情况及反应停留时间三者有关，一般脱硝效率在30%~70%。

b. 中温脱硝（SCR）。这里所说的中温脱硝是指选择性催化还原（SCR）方法，是在一定温度（280~420℃）和催化剂存在的条件下，向烟气中喷入还原剂NH_3，将烟气中的NO_4还原为无害的N_2和H_2O。这是一种目前在国内外技术最为成熟、应用广泛、脱硝效率最高的脱硝工艺。合理布置烟道，设计高效的 NH_3 和烟气混合，选用最佳脱硝反应器，一般脱硝效率可达 60%~90%。

c. 低温脱硝（COA）。这里所说的低温脱硝是指循环氧化吸收（COA）方法，这种新型的低温脱硝方法优化设置了双相添加剂及分段氧化吸收的工艺方案。通过液相添加剂和固相添加的分段使用，形成双级氧化，提高了系统的脱硫效率，同时还可提高脱硫剂的使用效率和降低成本。脱硝效率一般在 30%~80%。

高温脱硝可与中温脱硝和低温脱硝组合使用。

二、热网供热系统的节能减排

（一）热网供热系统的节能综述

1. 热网节能概况

供热热网系统节能是供热系统节能的一个重要组成部分，努力减少热网能耗，把热网节能工作落实到实处。热网节能主要从三个方面入手：一是减少管网的散热损失；二是减少热媒在输送过程中的电耗；三是减少热力管网各处的泄漏损失。按照技术规范的要求，采取切实有效的节能措施，一定会使热网系统节能工作收到满意的节能效果。

2. 热网节能技术要求

热网节能主要是减少热网散热损失、减少热媒输送的电耗和减少热网的泄漏损失。

（1）节省热量要求

根据节能要求，供热管网的热效率应大于 92%，再根据城镇供热管网设计规范要求，供热管网热损失不应大于 5%。对于直埋供热热水管网，在城镇供热系统节能技术规范中要求其温降应小于 0. 1℃/km。

（2）节电要求

在高温水供热系统中，要求供水温度为 110~150℃，回水温度不应超过 70℃，供回水温差不小于 50℃，这样可减小管道输送流量，以节约电耗。为了省电，街区管网的供回水温差不宜小于 25℃。为了减少电耗，要把管道的压降控制在合理的范围内，主干线管道压降为 30~70Pa/m，街区管道压降为 60~100Pa/m。同时，热水管线也不宜太长，对高温热水管道宜控制在 20km 以内，对于街区管道宜控制在 2km 以内。

（3）节水要求

加强热网管道的管理和维修，尽可能避免过量泄漏损失，把补水率控制在合理的范围内，以减少耗水量。

（二）热网供热系统的节能途径及措施

1. 减少散热损失

热水管道采用无补偿直埋敷设方式，比其他敷设方式可减少散热损失。同时管道要求有良好的保温，一般选用工厂生产的预制保温管成品，包括各种预制保温管件。施工中，管道接口处也应用各种材料在现场进行发泡保温。预制保温管的内保温层为耐温的硬质聚氨酯，外保护层为高密度聚乙烯套管。保温材料聚氨酯的密度为 60~80kg/m^3，抗压强度不小于 200Pa，导热系数不大于 0.027W/（m^2·℃），耐热温度为 150℃，并能在 130℃的运行温度下工作 20 个采暖期。高密度聚乙烯外套管的密度为 940~965kg/m^3，断裂伸长率不小于 350%，纵向回缩率不大于 3%。达到上述标准的预制保温管和预制保温管件，可以保证热水管网的散热损失不超过有关标准和法规要求。

2. 节省电耗

减少运行过程的电能消耗是供热管网节能的主要内容之一，其中用于输送热水的循环水泵电耗为最大一项。因此，应针对具体工程项目，优化供热方案，例如，采用集中循环水泵供热方式，还是采用分布式循环水泵供热方式，应根据每个工程的具体情况进行方案比较后确定，不能简单地认为分布式循环水泵供热方式就一定能节省能耗。

确定经济合理的管道阻力损失，选用有关规范推荐的管道设计经济比摩阻，把循环水泵电耗控制在合理的范围内。但在运行过程中，由于管道内有腐蚀和结垢现象发生，管道因粗糙度增加而阻力增大，结垢会使管道流通截面积变小，流速增加使阻力增大。所以在运行中对管网的补水应选择有效的处理措施，目前所采用的方法是除氧和软化处理，使其达到补水标准要求，同时控制循环水的 pH 值在规定范围内。

3. 节约用水

间接连接的供热管道在运行时的水损失主要是阀门和附件等连接处的漏损，直接连接的供热管道除了漏损之外，还有用户人为放水。因此，要减少热网的水损失，就要加强对管道的维修，并对用户宣传节约用水。

4. 加强热网节能管理

（1）制定管理规程

按照相关的法律、法规、标准和规范，制定一套加强热网节能管理的规章制度，明确各部门的职能和各岗位人员所负的责任。

（2）设备材料的配置与控制管理

首先应选好对电能消耗有影响的设备，并确保用能设备允许的能效规定值，定期监控其电耗和设备的能效水平。预制保温管材应保证其热工性能，达到良好的保温效果，同时对用电设备和管道附件进行维护和保养，使其处于良好的运行状态。

（3）设备管材采购方面的管理

应按正规程序对用电设备进行采购，要求设备性能好、效率高。保温管和附件的采购应达到有关标准的要求，并检查验收。

（4）运行中的管理

热力站和热力管道正常投入使用后，在运行过程中要加强维护管理，定期检查设备运行情况，发现有异常情况应及时处理和维修。各热力站的一次仪表数据应随时传送到热网调度控制中心，以便及时调整供热参数，使其满足热负荷变化的要求。在热力站要检测好二级管网的漏水情况，加强巡视管理，杜绝人为放水，使管道泄漏率保持在合理的范围内。

三、供暖环境的节能减排

（一）供暖环境的节能综述

1. 供暖环境的节能概况

近些年，随着我国经济的发展和人们生活水平的提高，采暖能耗量随着供暖面积的增加而增长，传统能源资源的消耗与污染物排放的危害给人们生活的环境带来极大的压力，在政府的倡导下人们把压力变为动力，切实做好节能减排的工作。

经过我国这些年来的不断总结得出，做好供暖环境节能主要从以下几个方面开展。一是从设计入手，结合项目具体情况按我国气候分区做好建筑围护结构的热工设计；严格按照设计环节的标准规范措施的有关条文进行；选好室内外温度取值、负荷计算、设备部件选择、系统形式选择、自控调节系统等；有条件积极推行计量系统设计，把握好供暖环境设计节能第一关。二是加强供暖环境运行使用管理，加强系统设备部件的维修，注意结合供暖环境的负荷变化进行调节，实现室内供热环境热舒适的条件下节能，严防供暖系统设备部件损坏与渗漏，造成能耗损失。三是要综合考虑热源、管网和室内供热环境的节能，不单单反映在锅炉热效率和管网输送效率这两个能耗指标上，同时还反映在为用户末端提供室内供热环境热舒适性条件下的节能。

2. 供暖环境的节能技术要求

供暖环境的节能技术有如下几个方面要求：

（1）设计方面

首先在设计初期需要对建筑周围的环境进行实地考察，重点考察热源形式和外网输送管线，以选取合适的供暖系统；在施工图设计阶段，应对每一采暖房间进行热负荷计算，对于公共建筑，热负荷计算应扣除采暖房间内部的得热量，如室内设备散热量、人员密集场所的人体散热量等；在采用低温热水地面辐射供暖方式时，房间设计温度应降低2℃进行房间采暖负荷计算，或取常规对流式计算热负荷的90%~95%，且不计算敷设有加热管道的地面热负荷；在燃气红外线辐射供暖系统用于全面采暖时，其热负荷应取常规对流式计算热负荷的80%~90%，且不计算高度附加；在外表温度超过50℃的设备和管道都应进行良好的保温，以减少散热损失，达到节约燃料的目的。最后系统形式设计阶段，要根据建筑的功能用途等因素进行采暖形式的选择，常用形式有“散热器采暖”“住宅分户热计量采暖”“辐射采暖”“热风采暖”等类型。

（2）设备方面

供暖环境常用的设备有：循环泵、换热器、水处理设备等，应注意选用高效节能设备。常用的附件有：散热器、减压阀、疏水器、膨胀水箱、平衡阀、分水器、集水器、分汽缸等，要了解它们的作用、使用场所、应选择高效优质的部件并注意养护，确保供暖系统好用节能。随着能源危机和环境污染的恶化，在有条件时应积极采用可再生的新能源技术，选用新能源设备，例如，采用太阳能应用技术，选用太阳能设备；采用热泵应用技术，选用热泵设备等，为热用户提供节能环保的采暖需求。

（3）管理功能方面

应建立、健全节能运行管理制度和用能系统操作规程；加强用能系统和设备运行调节，维护保养，巡视检查，推行低成本、无成本节能措施；施行一把手负责制，对本单位节能工作全面负责，应当指定专人负责能源消费统计，如实记录能源消费计量原始数据，建立统计台账；并且应设置能源管理岗位，实行能源管理岗位责任制，重点用能系统，设备的操作岗位应当配备专业技术人员，并实施资源管理激励机制，管理业绩与节约资源，提高经济效益。

（二）供暖环境的节能途径及措施

1. 供暖环境的节能主要途径

（1）增强外围护结构的保温性能和采光效果，以此来减少热量的损失，减少供暖的能耗。

（2）采用科学调节方法和智能监管平台，根据建筑的负荷变化进行合理调节供热量，同时监督管理能耗，避免不必要的损失。

（3）推广可再生的清洁能源，如太阳能热水供暖系统、地源热泵供暖系统等，以减少传统能源的消耗。

（4）在供暖节能设计方面，严格执行国家相关方面的节能标准、规范，选择高效节能的技术方案、设备、材料等节能措施，达到节能降耗的目标；积极采用新工艺、新技术、新产品，最大限度地降低能耗。

2. 供暖环境的主要节能措施

（1）围护结构热工设计

根据我国划分的建筑热工气候分区与设计要求，严寒地区必须充分满足冬季保温要求，一般可不考虑夏季防热；寒冷地区应满足冬季保温要求，部分地区兼顾夏季防热。在采暖这部分能耗中，外围护结构传热的能耗量大，其围护结构传热系数对建筑的采暖能耗影响很大，因此按照规范要求确定合理的传热系数，对减少热损失，达到节能的目标，意义重大。

（2）供暖系统形式选择

根据建筑周围实地考察，选取合适的供暖形式，其类型特点及适用场合如下：

散热器供暖：以对流散热为主，这种以对流为主的供暖方式多数用于民用住宅、公共建筑以及工业建筑的一部分场所。散热器供暖系统一般集中设置计量管理。

住宅分户热计量供暖：有安装散热器以对流散热为主的供暖方式，也有安装地热盘管以低温辐射供暖为主的供暖方式，供暖系统通常分户设置计量管理。

辐射供暖：是通过热射线散出热量来进行供暖的方式，它不依靠任何中间介质。辐射供暖可分为低温（<80℃）、中温（80~700℃）及高温（500~900℃）三种，前两种可以用热水或蒸汽作为热媒，后一种则用电热或可燃气体加热辐射散热设备。这种供暖方式多用于一些高大空间建筑、对卫生要求较高的场所。

热风供暖：是以几乎100%的对流散热来进行供暖的方式，暖风机靠强迫对流来加热周围空气，比靠自然对流的散热器作用范围大，散热量多，这种供暖方式多用于供暖负荷大或供暖的空间比较大而又允许使用再循环空气的地方。

（3）推广应用新能源技术

①热泵技术

利用土壤、水源和空气等低位热能，通过采用热泵技术，提升转化为可供用户采暖和制冷的能源。热泵是通过少量的高位电能输入，实现低位热能向高位热能转移的一种高效而环保的节能设备。它是利用土壤、水源和空气中吸收的太阳能和地热能而形成的低温低位热能资源，为热用户提供采暖和制冷服务。其技术优势在于采用热泵技术可使再生清洁能源充分利用，达到高效节能、运行稳定、环保。热泵可应用于宾馆、商场、办公楼、学校等建筑，小型的地源热泵更适合于别墅住宅的采暖。

②太阳能技术

众所周知，太阳能是取之不尽、用之不竭的清洁可再生能源，是未来的主要能源。太阳能在供暖方面有很多应用，如太阳能采暖和热水供应等。太阳能供暖系统由三部分组成：太阳能收集系统、热水供应系统和采暖系统。太阳能收集系统由集热器、蓄热水箱、集热器水泵等组成；平板集热器朝南倾斜置于住宅屋顶上，在长江以北、黄河以南一带地区，一幢 $120m^2$ 的住宅大约需要 $16 \sim 24m^2$ 的平板集热器；为平衡集热器收集的能量与用热量间的不均衡性，设有蓄热水箱；集热器水泵根据集热器出口水温与蓄热器底部水温之差来控制启停，通常当温差大于5℃时启动，温差在-0.5~2℃时关闭。热水供应系统的流程是：自来水在热水箱（具有加热和蓄水作用）中用太阳能收集系统中的热水加热，进行热水供应。

（三）供暖环境的减排综述

1. 供暖环境的减排概况

目前在建筑减排方面，热泵技术作为一种回收利用可再生能源的有效手段，广泛应用于室内供暖环境中，利用水源热泵回收废热可减少煤电资源用量，降低能源的消耗，经济效益可观。与此同时，也因减少了常规能源燃料燃烧产生的 SO_2、烟尘、NO_4 和 CO 所造成的环境污染，减少废水排放，也可减少对环境的热污染等，社会环境效益可观。近几十年来，地下水源热泵系统得到了广泛的应用，无论从节能、减少污染物的排放量、进行冬季采暖和提供生活热用水、废热回收和利用、高温水源热泵技术的研究等，均取得了很大的进展，取得显著的效果。

2. 供暖环境的减排技术要求

结合供暖环境的通常情况，认真分析室内存在的污染源，为了减少供暖环境有害物的排放，应注意以下几点要求：

（1）在建筑设计施工、室内装修和制备家具的全过程中，都应注意选用环保材料和产品，尽量减少在使用过程中释放多种挥发性有机物，如苯、甲苯、二甲苯、甲醛、三氯甲烷、三氯乙烯及 NH_3 等，从根本上减少污染物的排放。

（2）倡导规范人们在室内生活及活动的文明行为，包括人的行走、呼吸、吸烟、烹调、卫生间、使用家用电器等，都可产生 SO_2、CO_2、NO_4、可吸入颗粒物、细菌、尼古丁等污染物。

（3）经常性地结合室外天气和室内的情况，注意保持室内外通风良好，确保室内空气品质和人们的健康。

（4）若设有工艺生产的室内供暖环境，在生产过程中产生的有害物应根据不同性质和发生量采取相应的技术手段和措施进行综合治理，确保减排效果。

（四）供暖环境的减排途径及措施

1. 供暖环境减排的途径

（1）增强外围护结构及材料的环保性，以减少有害污染物的来源。

（2）对室内装修装饰材料和家具的选用必须符合环保的要求，有效减少污染源。

（3）采用高效节能排油烟机以及卫生间排风设备，有效地减少油烟及异味对人体的危害。

（4）对工艺生产场所的室内供暖环境，应根据生产过程产生的有害物性质和发生量采取相应的技术手段和措施，进行综合治理，确保减排效果。

2. 供暖环境减排的措施

（1）室内厨房污染物的减排

目前，研究表明，厨房油烟对人体的危害已超过香烟的危害，其主要原因在于中国饮食喜欢烹、炒、煎、炸，其所释放的油烟含有的有害物远高于香烟；再加上人们节省的理念，只在做饭的时候开排油烟机，做完饭立即关上，这将导致有大量的有害物没有被油烟机排出，存留在室内环境中对人体造成一定的危害。还有就是排油烟机的性能，目前大多数油烟机并没有对油烟进行分级高效的净化处理，导致大量的有害物排出，污染室外空气，有时还存在回灌的现象。

（2）卫生间的减排

卫生间作为建筑内环境的必要设施，其排风、浴室废水的热回收利用备受关注，有效的处理可以在节约用水的同时减少能耗。废水排水管道通过毛发过滤器进行初步的过滤，然后利用小型废水沉淀池准备下一步的处理；在沉淀池内加入混凝剂（碱式氯化铝），沉淀水中的有机物等杂质，完成对洗浴废水的沉淀；沉淀池出水口处放置一过滤片，防止大颗粒沉淀物和颗粒进入下一级过滤设备中；经过沉淀后的水先通过装有无烟煤-石英砂（石英砂过滤器）过滤其中的微小沉淀物和颗粒，再通过装有活性炭的活性炭吸附罐去除其异味及其中微量极细沉淀物，使其基本达到输送目的地的用水要求；然后进入蓄水池中，再在蓄水池中加入漂白粉对其进行消毒后贮存备用，最后再利用水泵经供水管道将净化水供给用水地点。

（3）减少室内建筑建材污染

多数装修装饰材料如胶合板、细木工板、中密度纤维板和刨花板等人造板材、木地板以及贴壁布、壁纸、化纤地毯、泡沫塑料、油漆和涂料等，会释放出甲醛、氨、苯等危害人体健康的挥发性有毒物质。在选用装饰材料时，就要注意选用符合国家规定环保标准的材料。另外，装修设计不要盲目追求豪华，因为有些看起来豪华的装饰材料如花岗石，可能就会“暗藏杀机”。要注意尽可能地使用环保材料，消费者除了注意装饰材料的选择外，还要请装修公司注意科学地确定装修的设计方案和施工工艺。因为所谓环保材料，也不是100%的无毒材料，只是含毒素成分相对较低，如果建筑装饰材料的搭配不合理，或者大量使用了这些装饰材料，致使室内有害物质超过房屋空间承载量，仍然不是环保装修。

（4）减少电器设备污染

①注意室内办公和家用电器的安排，不要集中摆放。特别是一些容易产生电磁波的家用电器，如收音机、电视机、电脑、电冰箱等，不要集中摆放在卧室里。

②注意使用办公和家用电器的时间，各种电器、办公设备、移动电话尽量避免长时间操作，避免多种办公和家用电器同时启用。手机接通瞬间释放的电磁辐射最大，使用时头部与手机天线的距离远一些，最好使用分离耳机和话筒接听。电脑最好安装铅玻璃制作的电脑防辐射屏。

③保持人体与办公和家用电器的距离，彩电的距离应在4～5m，日光灯距离应在2～3m，微波炉开启之后离开至少1m远。

④生活和工作在高压线、变电站、电台、电视台、雷达站、电磁波发射塔附近的人员，经常使用电子仪器、医疗设备、办公自动化设备的人员，生活在现代电气自动化环境中的工作人员，佩戴心脏起搏器的患者，特别是生活在上述电磁环境中的孕妇、儿童、老人及病患者等5种人员，要特别注意电磁辐射污染的环境指数，如果室内环境电磁波污染比较高，必须采取相应的防护措施或请有关部门帮助解决。

⑤通常家用电器使用低电压，即110V或220V电压，电场强度较小，而磁场大小又与耗电量、厂家及距离的不同有很大的影响。

（5）减少香烟燃烧污染

在密闭的空间中使用室内空气净化器可有效地减少香烟燃烧带来的危害，通过使用室内空气净化器，可以在不影响室内温度和不受室外空气影响的情况下进行有害气体的清除。但目前，国内市场上仍没有可以实现室内空气完全净化的净化器，所以，尽可能减少香烟的燃烧。

（6）减少人体自身新陈代谢污染

室内环境与室外环境是统一的整体，当室内环境中的污染物浓度高于室外时，室内污染物就向外扩散。室外绿化好，绿色植物对扩散到室外大气中的污染物具有吸附吸收和净化作用，促进了室内污染物向外转移、扩散，加快室内环境中污染物浓度降低。室内养花种草不仅可陶冶人的情操、美化居室，还可吸收室内产生的一些污染物。

第二节 通风环境的节能减排

一、通风环境的节能

（一）通风环境的节能综述

1. 通风环境的节能概况

简单来讲，通风环境就是采用自然或机械的手段把室内污浊、含有害物的空气（不处理或处理后）排出去，将室外新鲜空气（经过滤处理后）送进来，不断地进行换气的工作和生活环境。合理有效组织处理房间进、排换气的过程是需要大量能耗的，因此存在如何节能的问题。

通风环境通常包含：一般通风环境指民用与工业建筑的一般性用房环境；有害物通风环境指工业建筑有害物（有害气体、粉尘、余热）发生的作业场所。

（1）通风方式主要类型。

①按房间气流的进、出来划分有排风与进风二类。排风——把室内局部地点或整个房间不符合卫生、安全、防疫、生产环境要求标准的污浊、有害物空气排至室外，常用于室内局部或整个房间的自然和机械的排气；进风——把室外新鲜空气或经过滤处理的新鲜空气送入室内，常用于室内自然和机械的采气。

②按其工作动力划分有自然通风与机械通风二类。自然通风——依靠室外风力造成的风压和室内外空气温差所造成的热压，使空气有组织地进、出流动，常用于有自然通风条件的热车间等；机械通风依靠风机造成的压力，使空气有组织地进、出流动，当采用自然通风不能满足要求时，采用机械通风。

③按其作用范围划分有局部通风与全面通风二类。局部通风——在局部地点进行排风或进风，有效解决室内局部性空气品质的问题，常用于局部排风罩，高温工作地点的局部进气装置等；全面通风在整个房间内进行排风和进风，解决室内全面性的问题，当设置局部通风后仍不能满足卫生标准要求，或工艺条件不允许设置局部通风时，采用全面通风。

（2）如何做好通风环境的节能：关键在于结合实际选好用好通风方案的综合设计原则。

①自然通风与机械通风方案的选用原则是当具有自然通风的条件，利用自然通风能满足卫生标准和使用要求时，优先采用自然通风。

②局部通风与全面通风方案的选用原则是对于产生粉尘，散发有害气体的部位，应首先采用局部气流直接在有害物质产生的地点对其加以控制或捕集，避免污染物扩散到作业地带，在不能设置局部通风，或设置局部通风仍不能满足室内卫生标准要求，或工艺条件不允许设置局部通风时，才辅以全面通风措施。

③单一通风与综合通风措施的选用原则是当采用单一的通风方式不能满足室内卫生标准和使用要求时，才采用多种综合的通风方案措施。例如，铸造车间：一般采用局部排风捕集粉尘和有害气体；用全面的自然通风消除散发到整个车间的热量及部分有害气体；同时对个别的高温工作地点（如浇注落砂工部），用局部进风装置进行降温，综合解决整个车间的问题。

2. 通风环境的节能技术要求

建筑通风环境能耗主要涉及建筑热工设计、通风设备系统运行调节、功能管理等方面的能源消耗。在能源危机日趋严重的今天，如何有效降低能耗、提高能源使用效率成为必须落到实处的问题。

（1）设计方面

必须严格按照通风环境的节能技术标准规范要求，必须结合实际遵循通风方案的综合设计原则，在设计首要环节把通风环境的节能工作落到实处。

（2）设备选型方面

必须在通过正确设计计算后方能进行各种通风设备和部件的选型，各种通风设备和部件的选型必须遵循适当优质高效节能环保的原则。

（3）设备系统运行调节方面

设备系统运行使用过程中，要结合通风环境的实时需要进行手动或自控调节，注意在日常运行使用过程中设备系统的节能。

（二）通风环境的节能途径及措施

1. 通风环境的节能途径

（1）优化通风环境的设计。从通风环境的节能出发，严格按照节能技术标准规范，进行围护结构的热工设计，做好负荷计算，设计好综合的通风方案，选用好节能设备。

（2）抓好通风环境日常设备的运行使用管理，注意节电节水节能。

（3）注意通风环境日常通风设施的保养维修，严防通风设备的损坏及事故。

2. 通风环境的节能措施

通风环境节能措施可从以下几个方面进行：

（1）建筑结构及装修材料

建筑装饰材料及组合不同，产生的能耗与污染也不相同，因此要选好节能环保的材料组合。目前使用的建筑材料主要有金属材料、非金属材料和合成材料，其中有部分建筑材料会产生有害物，如含镭的地基土壤及石材和砖等建筑材料因镭衰变成放射性很强的氡。这些材料在使用过程中随着时间的推移或遇到高温会发生分解，产生许多气态的有机化合物，引起室内污染。为了减少能耗及污染物的排放，我们应选取更多节能环保的材料。

（2）室内人员及其活动状况

不同的建筑物、人的数量、在室内活动状况不同所产生的能耗和污染是不相同的，因此人们在室内活动应控制自己的行为。人们通过新陈代谢产生 CO_2、人体气味、水蒸气。吸烟是室内人员活动产生污物的重要因素之一，香烟烟雾中有上千种化合物，其中不乏致癌物。这些污染物包括 CO_2、CO、NO 等无机气体，Fe、Cu、Cr、Zn 等金属元素，多环芳烃、杂环化合物等 VOCs。由于建筑物的密闭，室内小气候较稳定，这种密闭环境在温度适宜、湿度润湿的条件下很容易滋生尘螨、真菌等微生物，还能促使生物性有机物（如有机垃圾等）在微生物作用下产生 CO_2、NH_3、H_2S 等气体。经常采取通风换气措施，可以减少室内污染物，减轻通风系统的能耗。

（3）室外空气污染

室外空气质量因在城市中所处地理位置不同而有很大差异，一般工业区和中心区污染较重，空气质量较差。室外大气中的微生物、粉尘，汽车排放尾气，各种工业排放废气中的 NO_x、CO_2、SO_2、烟雾及可吸入颗粒物等都有可能成为室内污染的来源。汽车排放的污染物中含有多种 VOCs，如乙苯、邻二甲苯、三甲基苯、乙烷、苯等，汽车尾气是室外 VOCs 的主要来源。这些污染物通过渗透及通风换气等途径直接进入公共建筑内引起室内污染。因此当室外空气质量较差时，应选择开启空气过滤设备，减轻排放污染物负担，减轻通风系统的能耗。

（4）暖通空调系统的影响

除上述因素影响室内空气品质外，现代的公共建筑一般装有暖通空调系统，暖通空调系统设计、施工安装以及运行管理不良也是诱发“病态建筑综合征”的重要因素。因此，要提高室内空气质量，必须先提高新风过滤器效率，保证通风环境的卫生整洁。当过滤器对污染源控制和通风稀释不能满足要求时，则必须清洗或更换过滤器，减轻通风系统的能耗。

二、通风环境的减排

（一）通风环境减排综述

1. 通风环境的减排概况

我国目前正处在工业化、城镇化高速发展的阶段，能源、资源、环境约束已成为制约我国发展的关键因素。从工业发展过程的能源消耗增长趋势已渐缓解，国家提出了建设“资源节约型、环境友好型”社会的发展战略，绿色发展成为时代发展的主题。

按照环境空气质量功能标准对不同地区进行分类：一类区为自然保护区、风景名胜区和其他需要特殊保护的地区；二类区为城镇规划中确定的居住区、商业交通居民混合区、文化区，一般工业区和农村地区；三类区为特定工业区。这三类区所执行的环境空气质量标准分为三级：一类区执行一级标准；二类区执行二级标准；三类区执行三级标准。各类地区环境空气中污染物的浓度限值给出了明确规定。

采用空气污染指数（API）报告环境空气污染程度，其范围由 0 到 500，其中 50、100、200 分别对应于一、二、三类地区的平均浓度限值，500 则对应于对人体健康产生明显危害的污染水平。空气质量级别分为五级，分别为空气质量优秀、良好、轻度污染、中度污染、重度污染。

2. 通风环境的减排技术要求

控制减少有害物排放不仅在保护环境方面起到作用，又降低了能耗节约资源，实现了对有害物控制与通风系统的节能。因此对通风环境提出了以下方面的减排技术要求：

（1）在一般建筑通风环境的情况，查出有害物发生源，例如：现代的建筑物普遍采用新型装饰材料，室内装修所产生的污染物加剧了室内的空气污染，那就从源头上治理，选用节能环保的建筑装饰材料。

（2）存在有害物（有害气体，粉尘等）的建筑通风环境的情况，从工艺源头做起，在有条件时改革工艺，减少有害物的发生，没有条件时根据有害物的物性成分，采取综合有效的方法和措施加以治理。

（3）重视对通风环境的日常维护和环境保持。由于建筑物的密闭，室内空气不易流通，这种密闭环境在温度适宜、湿度润湿的条件下很容易滋生尘螨、真菌等微生物，还能促使生物性有机物（如有机垃圾等）在微生物作用下产生 CO_2、NH_3、H_2S 等气体。加之人员长时间停留，人在室内活动也会产生不同的污染物。因此在室内应该做到不吸烟，勤开窗通风，促进室内空气流动。同时应该定期对空调通风系统进行清洁管理，维护干净整洁的活动环境。

（二）通风环境减排途径及措施

1. 通风环境的减排途径

结合环境实际，做好有害物通风环境的综合应对设计。室内空气是个很复杂的问题，它与环境状况、建筑构成、卫生条件，以及暖通空调技术等密切相关。因此，我们需要结合环境实际，做好有害物通风环境的综合应对设计。首先从技术的角度探讨一下改善室内空气质量途径：

（1）对挥发性有机化合物的净化

虽然室内 VOCs 数量不算多，但是对人体的危害却很大。目前净化挥发性有机物的方法有吸附法、光催化净化法，还有新兴的纳米材料净化技术、微波催化氧化技术、膜基吸收净化技术、生物过滤技术等，其中尤以吸附法、光催化法、纳米光催化法最为常用。

吸附法是利用有吸附能力的多孔物质来吸附有害成分；光催化技术是利用在紫外线照射下生成的空穴具有的氧化分解能力，在室温下将空气中有机污染物氧化为 CO_2 和 H_2O 等无机物；纳米 TiO_2 的降解机理是在光照条件下将有机物转化为 CO_2、H_2O 和有机酸。

（2）对可吸入固体颗粒及有害气体的净化

针对室内空气颗粒物，主要采用机械过滤、静电除尘技术、低温等离子体技术、纳米光催化等技术处理。低温等离子体技术去除无机污染物的原理是：由于等离子体体系中含有大量具有较高能量的活性基团，它们能够破坏大多数气态有机物中的化学键，使之断裂，从而达到降解的目的；同时低温等离子体体系中的活性基团极易氧化具有还原性的无机物包括还原性较强的硫化氢等。体系中能量高的活性离子则打开键能较小的物质使其生成一些单原子、分子，最终转化为无害物。纳米光催化剂 TiO_2 在紫外线作用下可以将多种无机物分解或氧化。

（3）对微生物的净化

净化微生物主要应用臭氧氧化和纳米光催化技术。

臭氧具有很强的氧化性，与很多有机物、细菌病毒等微生物发生氧化还原反应，破坏细菌、病毒内部的细胞器和核糖核酸，使细菌的物质代谢生长和繁殖过程遭到破坏，从而达到净化空气的目的。臭氧灭菌消毒可以彻底、永久地消灭物体内部所有微生物。

2. 通风环境的减排措施

（1）结合有害物通风环境的实际情况，从审查工艺改革设计做起，尽量减少有害物的产生、减少对室内外环境的排放污染。为了建筑节能，现代的建筑物普遍提高了其密封性和隔热性能，新风量过小，自然降低了空气的稀释能力；同时，由于室内装修所产生的污染物增多，更加剧了室内的空气污染。如有的设计将新风送入建筑物的吊顶内与回风混合，使室内新风受到污染；新风机组的过滤器积尘得不到及时清洗或更换等等。因此在暖通空调的设计中，设计人员应该恰当考虑通风空调系统中新风进口或新风口的位置，给予充足的新风量供应。此外，新风系统以及新风送风方式应合理设计，从审查工艺改革设计做起，保证室内新风质量良好，尽量减少有害物的产生、减少对室内外环境的排放污染。

（2）根据环境有害物发生的部位、成因与物性，采取综合有效的方法和措施，对有害物进行有效控制与捕集，减少对室内外环境的污染。当污染源控制和通风稀释不能满足要求时，则必须去除污染物。常用的空气净化技术有机械过滤、静电除尘、吸附、冷凝和膜分离技术等。近年来国外许多公司在研制开发更有效地去除室内低浓度污染物的新设备。在暖通空调系统中常用的设备是干式粒状空气过滤器。设计良好的空气过滤器系统应能去除微生物粒子、可吸入颗粒、气态污染物和气态污染物质，对不同成因的有害物，分析其基本物性，有针对性地采取综合方法和措施，才能达到快速有效去除有害物的目的。

（3）重视有害物通风环境的日常使用管理，注意环境卫生整洁，减少交叉污染。对于有空调系统的公共建筑，不洁的新风是室内空气质量恶化的重要因素。由于我国大气含尘浓度比国外大数倍，加之粗效过滤器的效率太低，随着时间的累计会慢慢地在过滤器上附着一些大颗粒的灰尘，再次通入新风会造成强烈的交叉污染。因此，为提高室内空气质量，必须先提高新风过滤器效率，保证通风环境的卫生整洁。

第三节 空气调节环境的节能减排

一、空气调节环境的节能

（一）空调环境的节能概述

1. 空调环境的节能发展概况

我国经济的持续快速增长以及城镇化进程的不断推进，使人民生活水平不断提高，对空调产品的需求不断增长。随着国家一系列节能法规的贯彻实施，以及“家电下乡”“以旧换新”“节能产品惠民工程”等政策的激励作用，进一步带动了空调市场需求的增长。随着人均建筑面积的不断增大，空气调节技术的广泛应用，用于空调系统的能耗将进一步增大，这势必会使能源供求矛盾进一步激化。

2. 空调环境的节能技术要求

（1）空调环境围护结构建筑热工要求

①空调房间围护结构传热系数 K 值，应根据建筑物用途、空调类别，通过技术经济比较确定，比较时应考虑室内外温差，恒温精度，保温材料价格与导热系数，空调制冷系统投资与运行维护费用等因素。

②工艺性空调建筑围护结构最大传热系数应符合暖通空调设计规范有关条文表中数值规定。

③工艺性空调区的外墙，外墙朝向及其所在楼层应符合暖通空调设计规范有关条文表中的要求。

④工艺性空调房间，当室温允许波动范围小于或等于±0.5℃时，其围护结构最小热惰性指标应符合暖通空调设计规范有关表中的要求。

⑤空调建筑围护结构每个朝向窗墙面积比，要结合建筑子项类别要求、所处的地区、室内采光设计标准以及外窗开窗面积与建筑能耗等因素，按相关标准要求确定。

（2）空调系统的负荷计算统计要求

①按不稳定传热计算空调建筑用房夏季各项冷、湿负荷量。空调冷负荷计算应包含以下内容：围护结构传热形成的冷负荷；窗户日射得热形成的冷负荷；室内热源散热形成的冷负荷；附加冷负荷。空调系统负荷主要包括：室内负荷、新风负荷、再热负荷、风管传热负荷、水管传热负荷、风机和水泵的温升负荷及其他各种冷热量损失。

②按稳定传热考虑空调建筑用房冬季热、湿负荷量。空调区的冬季热负荷可按稳定传热计算，室外计算温度应采用冬季空调计算温度，计算时应扣除室内工艺设备等稳定散热量。空调系统的冬季热负荷应按所服务各空调区热负荷累计值确定，可不计入各项附加热负荷。

（3）空调热湿处理方案及选取空气处理设备要求

根据空调建筑物的类别、规模及地区气象条件，以保障效果、经济、节能为出发点，选择空气处理方案和设备，要熟悉常用空气处理设备（包括风机盘管、组合式空调机组、整体式空调机组）的特点及适用场所。

（4）空调房间送风量确定与气流组织及送回风口布置要求

①本着经济节能的原则合理确定送风量。一般工艺性空调按工艺要求室内允许温度波动值来确定送风温差，然后按送风温差来求出送风量，再用送风量计算换气次数来进行校核；舒适性空调应尽可能采用较大的送风温差，以减少送风量。

②根据空调建筑物的类别、形体特点，合理地组织室内空气的流动，使室内工作区空

气的温度，相对湿度，速度和洁净度能更好地满足工艺要求及人们的舒适性要求。气流组织不仅直接影响到房间的空调效果，也影响到空调系统的能耗量。

③影响气流组织的因素主要有送风口位置及形式，回风口位置，房间几何形状及室内的各种扰动等，其中送风口的空气射流及其送风参数对气流组织的影响最为重要。空调中遇到的射流，均属于紊流非等温受限（或自由）射流。气流组织的基本形式有：上送风下回风、上送风上回风、中部送风、下送风等、应结合空调建筑物工程具体情况选用。

（5）空调冷源选择的基本要求

①空调冷源首先考虑选用天然冷源。在无条件采用天然冷源时，可采用人工冷源。

②冷水机组选型应根据建筑物空调规模、用途、冷负荷、所在地区的气象条件、能源结构、政策、价格及环保规定等情况，按下列原则通过综合论证确定：

a. 冷水机组选型应做方案比较，宜包括电动压缩式冷水机组和溴化锂吸收式冷水机组的比较。

b. 如果有余热可以利用，应考虑采用热水型或蒸汽型溴化锂吸收式冷水机组供冷。

c. 具有多种能源地区的大型建筑，可采用复合式能源供冷；当有合适的蒸汽源热源时，宜用汽轮机驱动离心式冷水机组，其排汽作为蒸汽型溴化锂吸收式冷水机组的热源，使离心式冷水机组与溴化锂吸收式冷水机组联合运行，提高能源的利用率。

d. 对于电力紧张或电价高，但有燃气供应的情况，应考虑采用燃气直燃型溴化锂吸收式冷水机组。

e. 夏热冬冷地区、干旱缺水地区中小型建筑，可考虑采用风冷式或地下埋管式地源冷水机组供冷。

f. 有天然水等资源可以利用时，可考虑采用天然水做冷水机组的冷却水。

g. 全年需要使用空调，且各房间或区域负荷特性相差较大，须长时间向建筑物同时供冷和供热时，经技术和经济比较后，可考虑采用水环热泵空调系统供冷、供热。

h. 在执行分时电价，峰谷电价差较大的地区，空调系统采用低谷电价时段蓄冷能取得明显的综合经济效益时，应考虑蓄冷空调系统供冷。

③须设空调的商业或公共建筑群，有条件适宜采用热、电、冷联产系统或设置集中供冷站。

（6）选择合理空调系统应考虑的因素及遵循的原则要求。

①在工程设计时，选定合理的空调系统应考虑下列因素：应考虑建筑物的用途、规模、使用特点、热湿负荷变化情况、参数及温湿度调节和控制的要求，所在地区气象条件，能源状况以及空调机房的面积和位置，初投资和运行维修费用等多方面因素。

②选择空调系统时，应遵循下列基本原则要求：

a. 对于使用时间不同的房间，空气洁净度要求不同的房间，温湿度基数不同的房间，空气中含有易燃易爆物质的空间，负荷特性相差较大，以及同时分别需要供热和供冷的房间和区域，宜分别设置空调系统。

b. 空间较大，人员较多的房间，以及房间温湿度允许波动范围小，噪声和洁净度要求较高的工艺性空调区，宜采用全空气定风量空调系统。在一般情况下，全空气空调系统应采用单风管式。

c. 当各房间热湿负荷变化情况相似，采用集中控制，各房间温湿度波动不超过允许范围时，可集中设置共用的全空气定风量空调系统；若采用集中控制，某些房间不能达到室温参数要求，而采用变风量或风机盘管等空调系统能满足要求时，不宜采用末端再热的全空气定风量空气系统。

d. 当房间允许采用较大送风温差或室内散湿量较大时，应采用具有一次回风的全空气定风量空调系统。当要求采用较小送风温差，且室内散湿量较小，相对湿度允许波动范围较大时，可采用二次回风系统。

e. 当负荷变化较大，多个房间合用一个空调系统，且各房间需要分别调节室内室温，尤其是须全年供冷的内区空调房间，在经济、技术条件允许时，宜采用全空气变风量空调系统。当房间允许温湿度波动范围小，或噪声要求严格时，不宜采用变风量空调系统。采用变风量空调系统，风机宜采用变速调节；应采取保证最小新风量要求的措施；当采用变风量末端装置时，应采用扩散性能好的风口。

f. 空调房间较多，各房间要求单独调节，且建筑层高较低的建筑物，宜采用风机盘管加新风系统，经处理的新风宜直接送入室内。

g. 中小型空调系统，有条件时可采用变制冷剂流量分体式空调系统。该系统不宜用于振动较大、产生大量油污蒸汽及电磁波等场所。

需要全年运行时，宜采用热泵式机组；同一空调系统中，当同时有需要分别供冷和供热的房间时，宜采用热回收式机组。

h. 对全年进行空气调节，且各房间或区域负荷特性相差较大，尤其是内部发热量较大须同时分别供热和供冷的建筑物，经技术经济比较后，可采用水环热泵空调系统。

i. 当采用冰蓄冷空调冷源或有低温冷媒可利用时，宜采用低温送风空调系统。

j. 舒适性空调和条件允许的工艺性空调，可用新风做冷源时，全空气空调系统应最大限度使用新风。

（二）空调环境的节能途径及措施

1. 空调环境的节能主要途径

（1）根据空调环境围护结构建筑热工要求，增强外围护结构的保温隔热性能，减少传热系数与透过材料辐射传热相关的遮阳系数，降低空调负荷。对于北方地区以供热为主的空调建筑，相对来说，考虑的主要因素是围护结构的保温问题，对其传热系数要求比较严格；而对于以供冷为主的夏热冬暖地区的空调建筑，围护结构的隔热是主要考虑因素，对于外窗的遮阳系数有较为严格的要求；对于寒冷地区和夏热冬冷地区，由于既有夏季供冷，又有冬季供热，因此保温和隔热都是需要考虑的。

（2）结合空调建筑子项，严格按照空调设计标准及规范，进行空调负荷计算和统计；合理地选择能源方案和设备；合理地选择空气处理方案和设备；合理地选择气流组织方案，进行送风口、回风口的选择和布置；合理地选择实施空调系统等，并注意以上各个环节的节能。

（3）空调环境系统应设有监控系统设施，在运行使用管理中应结合空调环境一年四季、一天中的空调负荷变化进行智控和手动调节，实现空调的运行使用节能。

（4）积极推广使用可再生的清洁能源，如太阳能空调冷热水系统、地源热泵空调冷热水系统等，达到减少传统能源的消耗。

2. 空调环境的节能主要措施

空调系统节能的重要性：空调建筑的全年能耗主要由空调供冷与供热能耗（即空调能耗）、照明能耗、其他生活能耗等几个部分组成，其中空调供冷与供热能耗占有相当大的比例。根据全国公共建筑的能耗调查表明，空调能耗占整个建筑能耗的50%~60%。在空调能耗中，围护结构传热带来的能耗占20%~50%，空调新风处理所需能耗占30%~40%，其他如输送方面的能耗占10%~20%。由上述分析不难看出空调系统节能的重要性。空调环境节能措施主要通过如下几个方面：

（1）在新建的项目中，从设计源头做起，认真把握好节能技术第一关。

①从方案设计到每一个环节设计都认真按现行“采暖通风与空气调节设计规范”和“相关的节能设计标准”的条文、指标、要求，把握好节能设计关口。

②因地制宜，结合具体情况，积极采用暖通空调节能应用的新技术。

（2）在天然气充足的城市，推广采用冷热电三联（CCHP）供技术。

①推广采用天然气冷热电三联供技术的前提。天然气处于刚开发利用阶段，天然气燃烧率比煤和石油都高，热值大，其 CO_2 和 NO_4 等污染物排放标准比煤和石油要低得多，

是一种相对清洁的能源。在天然气充足的城市才能推行采用冷热电三联供技术。

②冷热电三联供技术的内涵及优越性。这是一种建立在能的梯级利用概念基础上，把制冷、供热（采暖和卫生用水）、发电等设备构成一体化的联产能源转换系统，采用动力装置先由燃气发电，再由发电后的余热向建筑物供热或作为空调制冷的动力获得冷量。其目的是提高能源利用率，减少需求侧能耗，减少碳、氮和硫化合物等有害气体排放。典型CCHP系统一般包括：动力系统和发电机（供电）、余热回收装置（供热）、制冷系统（供冷）等，针对不同用户需求，系统方案的可选择范围很大。与之有关的动力设备包括：微型燃气轮机、内燃机、小型燃气轮机、燃料电池等。CCHP机组形式灵活，适用范围广，由于其具有高能源利用率和高环保性，是国际能源技术的前沿性成果。

③分布式冷热电联产（CCHP）的分类与应用。分布式冷热电联产不仅可以缓解电力供需紧张的状况，也是提高一次能源利用率的根本途径及加强电力供应安全性的措施之一。目前分布式冷热电联产包括如下两种：

a. 区域性冷热电联产（DCHP）。区域冷热电联产技术的发展，可以提高CCHP系统的热效率和经济性，便于运行管理。

b. 楼宇冷热电联产（BCHP）。这种方式通过让大型建筑自行发电，满足了大部分用电需求，提高了用电的可靠性，同时还降低了输配电网的输配电负荷，并减小了长途电网输电的损失，而且还可利用发电后的余热向建筑物内供热、供冷，一举三得。世界许多国家将其定为保持21世纪竞争力优势的重要技术。我国的CCHP研究起步较晚，目前集中在上海、广州、北京地区，应用得早的是上海黄浦中心医院，此外浦东机场、北京市燃气集团监控中心等项目陆续建成并投入使用。

（3）在日夜间电力负荷差大的地区，推行采用蓄冷空调技术。

①蓄冷空调的作用：世界和我国的一些地区都存在电力负荷峰谷差，很多国家和地区的电力部门相应采取了分时电价办法来削峰填谷。而蓄冷空调利用夜间电力富余时候制冰和低温水蓄冷，在用电高峰期融冰和取低温水制冷，不但避开了用电高峰期可能引起的运行事故，还可以提高电能的利用率，避免重复建设，节省运行费用。

②蓄冷空调的意义：蓄冷系统就是在不需要冷量或冷量少的时间（如夜间），利用制冷设备在蓄冷介质中的热量转移，进行蓄冷，并将此冷量用在空调或工艺用冷的高峰期。蓄冷空调的实质是：将制冷机组用电高峰时的运行时间转移到用电低谷时期运行，从而达到了削峰填谷的目的，并利用峰谷电差价实现其较高的经济性。

③蓄冷空调的技术路线：蓄冷空调系统的技术路线有如下两条：

a. 全负荷蓄冷。就是将用电高峰期的冷负荷，全部转移至电力低谷期，全天冷负荷均由蓄冷量供给，用电高峰期不开机。全负荷蓄冷系统所需的蓄冷介质的体积很大，机房建筑和设施占地面积很大，设备投资高，一般用在一些特殊场所，如体育场、剧场等需要在瞬间放出大量冷量和供冷负荷变化的地方。

b. 部分负荷蓄冷。就是只蓄存全天所需冷量的一部分，用电高峰时期由制冷机组和蓄冷装置联合供冷，这种方法制冷机组和蓄冷装置的容量小，技术经济合理，这是目前最实用、应用最多的一种方法。

④蓄冷空调的介质：通常采用水、冰和共晶盐。目前最常用的介质是水蓄冷和冰蓄冷。

⑤蓄冷空调技术的研究与应用。

a. 低温送风冰蓄冷系统。提供4~10℃的低温送风，大大降低了空调能耗和运行成本，有限提高了COP值，一次投资成本大大下降，因而在将来很有竞争力。

b. 冰蓄冷区域型空调供冷站。冰蓄冷空调供冷站是目前冰蓄冷系统发展的一个趋势。这种供冷站不需要使用CFC冷媒，对环境友好，占地面积小，使用方便，运行维护管理费低廉，能降低空调建设费用，有很强竞争力，在发达国家已很普遍。

c. 改进蓄冷技术和设备，提高蓄热设备的体积利用率和蓄热效率，降低成本。

二、空气调节环境的减排

（一）空调环境的减排综述

1. 空调环境的减排发展概况

空调的耗电量大，是众所周知的。在我国电力的绝大部分是由煤炭来供应的，煤炭燃烧的废气中含有大量对环境有害的成分，加之我国对于废气不能进行很好的处理，势必造成对环境的严重污染。同时，燃油空调中一次能源的使用也会产生一定的污染。

2. 空调环境的减排技术要求

空调环境的减排技术要求：

（1）应着重减少化石能源的使用，积极推广使用可再生的清洁能源，减少污染源。

（2）结合空调环境情况，防止和减少来自围护结构建筑装饰材料有害物的挥发对人体的侵害。

（3）结合空调环境的情况，积极控制、综合处理来自工艺生产过程通过空气和污水排放的有害物。

（4）结合空调环境的情况，注意控制处理来自人和生物的生成代谢通过空气和污水排放的有害物；来自空调环境物件的动态和静态过程释放的有害物；来自空调系统本身长期运行所产生的有害物等。

（二）空调环境的减排途径及措施

1. 空调环境的减排途径

（1）应着力控制减少化石能源的使用，积极推广使用可再生的清洁能源，减少有害物污染源。

（2）结合空调环境的情况，防止控制减少来自各方面有害物的污染源，对产生有害物毒性大量多的污染源应集中进行有效净化处理后，方能进行排放。

2. 空调环境的减排措施

（1）尽可能减少传统能源的消耗

太阳能、风能、水能、生物能、地源等都是无污染的能源，提高可再生清洁能源在暖通空调系统利用中的比例，同时要注意提高可再生能源系统的效率。

所谓自然冷能指的是常温环境中自然存在的低温差低温热能，地球上到处存在着温差能，如昼夜温差能，冬夏季节温差能，大气与土地间的温差能，房屋的内外温差能，物体阳面与阴面的温差能等，温差能的存在就意味着可利用能的存在。由于大自然维持环境温度的能力为无限大，而温差又无处不在，该能量的数量也就为无限大，其大量存在于空气、土壤、江河湖泊及水库中，是一种巨量的、潜在的低品位能源。

在我国，自然冷能与目前的新能源风能、太阳能具有同样的经济价值。这是因为我国大部分地区处于大陆性气候区，昼夜气温变化与季节气温变化都很大，比起低平原海洋气候区，自然冷能利用的潜力要大得多，并且利用成本相对较低，利用过程又不会产生环境污染，达到了减排的目的。

（2）地源热泵空调系统

该系统利用土壤、地下水、江河湖水作为冷热源，它是一种高效空调技术方式。土壤的温度适宜、稳定，具有良好的蓄热性能，并且获取方便，是一种适宜的热源，具有广阔的运用前景。地源热泵全年运行稳定，既不需要其他设备的辅助，也不需要冷却设备就可以实现冬季供热、夏季供冷。并且，该技术属于全封闭方式，不需要使用任何水资源，也不会对地下水资源造成任何污染，是一种理想的暖通空调技术。

（3）蒸发冷却技术

该技术是一种绿色仿生空调技术，分为直接蒸发冷却技术和间接蒸发冷却技术。该技术采用水作为制冷剂，使得空调运行的时候不会对周围环境造成污染。此外，蒸发冷却系统制冷效果显著，并且在制冷的过程中不消耗压缩功，是一种节能环保型的绿色空调技术。

（4）利用环保型制冷剂

制冷空调行业采取了许多措施和行动，寻找绿色环保的制冷剂，以替代 CFC 与 HCFC 类物质。

为了适应保护环境降低温室效应的要求，多年来科学家们通过不懈努力，研究出大量过渡性或长期的臭氧层消耗物质的替代物，并研究出相应的应用技术及设备，在空调行业得到广泛的应用。

第四节　空调冷源与冷库环境的节能减排

一、空调冷源环境的节能

（一）空调冷源环境的节能综述

1. 空调冷源环境的节能发展概况

众所周知，所谓空调冷源环境就是提供空调冷源量，安置空调制冷设备及设施的场所。对于空调冷源用户分散，空调制冷量不大的情况，空调冷源宜分散设置，即人们常说的空调制冷机房。对于空调冷源用户较多且相对集中，空调制冷量大的情况下，空调冷源宜集中设置，称为空调冷源站，给诸空调冷源用户提供空调冷源量。

近些年来，随着我国经济的发展和社会进步，空调的使用越来越普及，数量越来越多，能耗量越来越大，污染物的排放量也在增多。国家对节能环保事业十分重视，相关部委对整个空调产业提出了具体的政策法规要求。多年来我们国家制定推行了采暖通风与空气调节设计标准、规范及措施，节能的标准、规范及措施等，在节能降耗方面取得了一定的成效。但全国各地区各单位发展得还很不平衡，还有相当一部分传统的保守思想在作怪，执行设计标准、规范打折扣，生怕夏季室温降不下来，冬季室温升不上去，影响房间的舒适性，因此在设计计算负荷时留有余地，在空调冷源环境选择空调制冷主机时普遍选型偏大，大马拉小车的现象很常见，随之带来的附属设备如冷却水泵、冷却水塔、冷冻水泵等选型设施也偏大，系统常以"大流量小温差"运行，造成能源与材料的浪费不容忽视。多年来，我国不少地区和单位在运行使用中管理不到位，不注意结合空调用户负荷的季节与日差变化进行设备部件调节实现节能；还有的不注意空调冷源环境设备部件管道的维护保养，检查维修，常出现渗漏与损坏，又造成能源的浪费；甚至导致安全事故也时有发生。

空调能耗在建筑能耗中占相当大的比例，而空调能耗由冷源能耗、输送系统能耗和末端设备能耗三部分组成，其中冷源能耗所占比例最大，因此实现空调冷源环境的节能迫在眉睫，是影响着整个建筑能耗的重点。选择空调冷热源必须从节能和环保出发，我国目前一方面注意对传统的能源设备提高能效，敦促厂家生产更高能效的产品，促进技术进步，鼓励用户使用更高能效的产品，更好地实现节能；在天然气充足的城市推行采用冷热电三联供节能技术；在日夜间电力负荷差大的地区，推行采用蓄冷空调节能技术；在有条件的地方大力推行太阳能、地源能、复合能源、热泵节能技术等新能源。

2. 空调冷源环境的节能技术要求

空调系统在公共建筑中是能耗大户，而空调冷源机组的能耗又占整个空调供暖系统的大部分。当前各种冷源机组、设备品种繁多，电制冷机组、溴化锂吸收式机组、冷热电联供及蓄冷蓄热设备等各具特色。但采用这些机组和设备时都受到能源、环境、工程状况、使用时间及要求等诸多因素的影响和制约，为此必须在工程方案设计阶段就重视冷源的合理配置，客观全面地对冷源方案进行分析比较后合理确定。

（1）在选择冷源时，应尽可能地选择天然冷源，其中在技术经济合理的情况下，冷、热源宜利用浅层地能、太阳能、风能等可再生清洁能源。

当采用可再生清洁能源受到气候、环境等原因限制无法保证时，应设置辅助冷、热源。

（2）在无条件采用天然冷源时，再选择使用人工冷源。选择人工冷源时，应根据建筑物空气调节的规模、用途、冷负荷、所在地区的气象条件、能源结构政策等对冷水机组进行选择。

在进行选型前，需要对应用方案进行比较，在聚集有多种能源的地区，可采用复合式能源供冷；夏热冬冷地区、干旱及小型建筑可采用地源热泵冷水机组进行供冷；有可利用的天然地表水或浅层地下水可100%回灌时，可采用水源热泵系统；在各房间负荷特性相差较大、须长时间供冷供热时，可采用水环热泵机组等。

（二）空调冷源环境的节能途径及措施

1. 空调冷源环境的节能途径

（1）积极推行采用可再生的清洁能源，减少使用化石能源的消耗，达到节能、减少污染物的排放、保护环境、实现可持续发展的目的。

（2）发展区域供能（冷、热），实现综合用能、合理用能：区域供能是目前能源技术水平下现代化城市基础设施的一部分。它可以将各种建筑空调冷源的节能技术加以集成，在较大范围内实现冷热源的综合调度，使能源得到合理有效的使用。

（3）在天然气充足的城市，推广采用冷热电三联（CCHP）供技术。这是一种建立在能源的梯级利用概念基础上，使制冷、供热（采暖和卫生用水）、发电等设备构成一体化的联产能源转换系统。CCHP 机组形式灵活，适用范围广，由于它具有高能源利用率和高环保性，是国际能源技术的前沿性成果。

2. 空调冷源环境的节能措施

（1）严格按照空调标准规范进行空调负荷计算、机组及附属设备选型。空调系统的设计包括：分析选用空调系统方案、空调负荷计算、空调设备部件选型、管网水力计算等。在这些环节中，空调负荷计算是设计过程的基础环节，直接关系到了空调系统的设备的选型，关系到空调系统的初投资、关系到空调系统的能耗和运行费用及使用效果等。

（2）控制中央空调运行时的冷却水及冷冻水温度。制冷系数只与被冷却物的温度及冷却剂温度有关，因此可以采用降低冷却水温度及提高冷冻水温度的方法进行节能。

①降低冷却水温度。冷却水温度越低，冷机的制冷系数就越高。冷却水的供水温度每上升 1℃，冷机的 COP 下降近 4%。降低冷却水温度就需要加强冷却塔的运行管理。

首先，对于停止运行的冷却塔，其进出水管的阀门应该关闭。否则，因为来自停开的冷却塔的水温度较高，混合后的冷却水水温就会提高，冷机的制冷系数就减低了。其次，冷却塔使用一段时间后，应及时检修，否则冷却塔的效率会下降，不能充分地为冷却水降温。

②提高冷冻水温度：由于冷冻水温度越高，冷机的制冷效率就越高。冷冻水供水温度提高 1℃，冷机的制冷系数可提高 3%，所以在日常运行中不要盲目降低冷冻水温度。首先，不要设置过低的冷机冷冻水设定温度。其次，一定要关闭停止运行的冷机的水阀，防止部分冷冻水走旁通管路，否则，经过运行中的冷机的水量就会减少，导致冷冻水的温度被冷机降到过低的水平。

（3）重视空调冷源设施的经常性维护保养。空调冷源设施的经常性维护保养必不可少，冷源设施的损坏或泄漏会大大造成能耗浪费。

（4）积极推广应用新能源及新技术。

①采用蓄冷技术，实现用电负荷的移峰填谷。用于建筑空调的蓄热技术主要有冰蓄热、水蓄热和相变材料蓄热。采用蓄热技术可以大大降低高峰用电量，充分利用夜间低谷电，平衡电网，也可以减小设备容量，降低用电增容费。而蓄冰技术正可以大大地节省高污染和高价的电力，从而在节能的基础上减排。

②发展区域供冷，实现综合用能、合理用能。区域供冷是目前能源技术水平下现代化

城市基础设施的一部分。它可以将各种建筑空调冷源的节能技术加以集成，在较大范围内实现冷热源的综合调度，使能源得到合理有效的使用。近年来区域供冷技术被作为节能、先进的空调解决方案在我国的中部和南部推广。

③采用热泵技术。热泵分为空气源热泵与地源热泵两部分。空气源热泵直接利用空气作为冷热源，从室外空气中提取热量为建筑供热，是住宅和其他小规模民用建筑功能的最佳方式。但其运行条件受气候影响很大，室外温为0℃左右时，蒸发器会产生结霜问题。地源热泵则是一种利用地下浅层地热资源的既可供热又可制冷的高效节能环保型空调系统。

对于缺水、干旱地区，采用地表水或地下水存在一定的困难，因此中、小型建筑宜采用空气源或土壤源热泵系统为主（对于大型工程，由于规模等方面的原因，系统的应用可能会受到一些限制）；夏热冬冷地区，空气源热泵的全年能效比较好，因此推荐使用；而当采用土壤源热泵系统时，中、小型建筑空调冷、热负荷的比例比较容易实现土壤全年的热平衡，因此也推荐使用。对于水资源严重短缺的地区，不但地表水或地下水的使用受到限制，集中空调系统的冷却水全年运行过程中水量消耗较大的缺点也会凸显出来。因此，这些地区不应采用消耗水资源的空调系统形式和设备，如冷却塔、蒸发冷却等。

二、冷库环境的节能

（一）冷库环境的节能综述

1. 冷库环境节能概况

21世纪以来，随着物流业及轻工业的不断发达，冷库作为我国产业链必不可少的建筑，成为人们在节能方面关注的新宠。据统计，我国制冷设备的能耗占全国耗电量的15%，而冷库恰恰是制冷单位中的“大户”，冷库的能耗不仅影响着冷库产品的质量和成本，也直接影响着国家的经济发展和节能建设。

作为农产品的生产大国，我国冷库的建设无论是规模、数量，还是技术水平上，与发达国家相比还有一段差距。新中国成立初期建造的冷库，普遍存在技术设备陈旧落后、冷库保温严重老化、自动化程度低、能耗高效率低的缺点。虽然随着国外保温材料的引进，冷库建设有了突飞猛进的发展，但在项目投资建设时，由于资金及设计的一系列不足，致使国内普遍存在冷库能耗高的问题。

2. 冷库环境的节能技术要求

（1）库房的围护结构要求

对其围护结构进行选择时，首先需要满足的便是无有害物质、不易变质、难燃的材料。

除了传热系数的要求外，应尽量在冷库的屋面及外墙外侧涂刷白色或浅色的材料。不同颜色的材料对太阳能的吸收程度不同，深色的材料有利于吸收太阳能，而浅色的材料会对太阳能在一定程度上起到反射的作用。

（2）库房的给水要求

根据冷库建成的位置，冷库的水源应就近选择城镇的自来水或地下水、地表水，且水温应符合如下要求：①蒸发式冷凝器除外，冷凝器的冷却水进出口平均温度应比冷凝温度低 5~7℃；②冲霜水的水温不应低于 10℃，不宜高于 25℃；③冷凝器进水温度最高允许值中，立式壳管式为 32℃，卧式壳管式为 29℃，淋浇式为 32℃。

（3）冷库的耗电量对比

我国目前未对冷库的耗电量做具体的规范，但是在未来的发展趋势中，必须注重环境保护与能源效率的双重发展，因此，要采取有效的措施在制冷系统中减少耗电量。

（二）冷库环境的节能途径及措施

1. 冷库的节能途径

（1）选好冷库位置，在冷库设计和施工中首先要做好围护结构的保温隔热设计，防止冷桥。

（2）按冷库设计标准规范，做好冷库负荷计算，选好高效节能的主机和附属设备。

（3）在运行使用中，要结合冷库的负荷变化进行控制调节，实现冷库运行管理节能。

（4）在运行使用中，要加强对冷库设施的维护维修管理，建立健全检查制度，严防漏水漏电及安全事故。

2. 冷库的节能措施

（1）选择合适的制冷机房位置

制冷机房或制冷机组应靠近用冷负荷最大的冷间布置，并具有良好的自然通风条件。冷库的冷量需要通过管道运输到不同房间，而冷负荷较大的房间对冷量的需求也较大，因此减少运输管道长度可以有效节约能源。

（2）选择高效节能的制冷设备

①选择合适的压缩机：应根据冷库的规模和加工使用情况，确定压缩机的类型。一般而言，螺杆压缩机的 COP 要高于活塞机，尤其适合在负荷变化不大的低温工况使用；而小型压缩机组在高温或气调库中，运行更方便，使用更节能。

②优先选用蒸发式冷凝器：该种冷凝器不仅省去了水泵、冷却塔和水池的费用，而且

其水流量仅为水冷的10%，节省电能。蒸发式冷凝器应尽量布置在通风良好的地方，避免阳光直射。

③选择合适的蒸发器：在冷却设备上，尽量选用冷风机，代替顶排管。顶排管的使用不仅耗材较多，而且冷却效率差。蒸发器应尽量采用热气融霜或实现自动融霜，减少电能的损耗。

（3）做好围护结构设计

围护结构的热阻在很大程度上影响了冷库的能耗，一个拥有高热阻围护结构的冷库，可以有效降低热量的传递，从而减少冷负荷。因此，在设计及施工中，一定要做好建筑的隔热保温，防止冷桥现象的产生。

对于一栋建筑而言，其能耗大部分都来自围护结构散热量，而对于室内外温差相差数十摄氏度的冷库而言更是如此。因此，合理的设计围护结构的传热系数、颜色、厚度等是相当关键的，较好的围护结构可以节省大量的能量。目前常采用的隔热材料有聚苯乙烯、挤塑板。

另外，须对围护结构处理好冷库库房的冷桥部位。建筑物通常会在各种连接不当处产生冷桥，当冷桥产生时，便会出现能量的大量流失。因此，需要在以下三个部位对冷桥进行处理：①由于承重结构需要连续而使隔热层断开的部位；②门洞和设备、供电管线穿越隔热层周围部位；③冷藏间、冻结间通往穿堂的门洞外跨越变形缝部位的局部地面和楼面。

（4）对入口处的空气幕进行优化。空气幕通常安装在大门上方，既出入方便，又能防止室内外空气交换，同时能起到防尘、防污染、防蚊虫的效果。2010年ASHERE手册数据指出，冷库空气渗透负荷占冷库总制冷负荷一半以上，有效地计算空气幕的射流速度、喷口宽度、喷射角度等，可以有效地对空气幕进行优化，达到更加节能的目的。

（5）加大冷库自动化程度

国际上很多冷库采用的是广泛的自动控制技术，一般而言，大多数冷库只需1~3名操作人员即可有效运行，许多冷库基本实现夜间无人值班。然而，对于国内冷库而言，冷库的制冷设备大多采用手动控制，或仅对某一个制冷部件采用局部自动控制技术，而对整个制冷系统的完全自动控制较少，进而造成了冷量的浪费。因此，需要对冷库的全自动化技术进行深入研究，早日提高国内冷库的自动化控制程度，进而用更精准科学的方式降低冷库能耗。

（6）对设备进行定期的维护清理

冷库的设备对冷库的能耗有着巨大的影响，冷凝器管壁的水垢会致使冷凝温度升高，不合格的库门会影响开启闭合进而耗费能量，保温材料及防潮材料的老化会使材料失效等，种种现象均会使整个冷库系统的能耗增大。因此，须对冷库的各项设备进行定期的监督管理，及时对污垢进行清除，找到不利于节能的部位，对冷库的节能有着重要的意义。

三、空调冷源环境的减排

（一）空调冷源环境的减排综述

1. 空调冷源环境的减排发展概况

在人类社会日益发达的今天，随着科技的发展，人口数量快速增长，生活水平日益提高，能源需求量不断增大，紧随而来的环境问题让人甚是担忧。

就目前情况来说，我国对于空调冷源的减排，需要从制冷剂、用电等方面着手。选择一款既满足制冷工艺要求、又节能减排的制冷机组是很难的，需要研究新技术、新能源来代替传统的制冷工艺，使空调冷源更符合全球性发展要求。

2. 空调冷源环境的减排技术要求

对冷源环境的减排应该从制冷剂的选择及耗电两个方面把握。制冷剂应在条件允许下尽量采用对大气污染较少的制冷剂，同时国家应着重于研究可以代替当下含氯量不小的制冷剂的新型制冷剂。耗电方面，应选择合适的冷源系统，以减少不必要的能耗，减少耗电量就是减少硫化物的排放，同时对我国的能源也是一种节约。

（二）空调冷源环境的减排途径及措施

1. 空调冷源环境的减排途径

（1）设计方面在有条件的情况下，尽量选择自然冷源或清洁的可再生冷源，从源头上杜绝污染物的产生排放。

（2）在选用常规空调冷源制冷设备和制冷剂时的一个原则：一定要高效、节能、安全、环保。

（3）在运行使用阶段，一定要加强维护管理，严格按照操作规程，避免发生渗漏及安全事故。

2. 空调冷源环境的减排措施

（1）适当调节空调温度，并在出门前几分钟关空调。国家节能减排政策对空调温度的规定是：所有公共建筑内的单位，包括国家机关、社会团体、企事业组织和个体工商户，除医院等特殊单位以及在生产工艺上对温度有特定要求并经批准的用户之外，夏季室内空调温度设置不得低于26℃，冬季室内空调温度设置不得高于20℃。

（2）选用节能空调及环保型制冷剂。一台节能空调比普通空调每小时少耗电0.24kW·h，按全年使用100h的保守估计，可节电24kW·h，相应减排二氧化碳23kg。如果全国每年10%的空调更新为节能空调，那么可节电约3.6亿kW·h，减排二氧化碳35万t。

氯氟烃类物质对大气臭氧层有破坏作用，因此类似于R134A、R410A的空调、热泵系统，在产品制造和使用、进出口贸易方面会受到严格的限制。为了适应保护臭氧层降低温室效应的要求，多年来科学家不断努力，研究出大量过渡性或长期的臭氧层消耗物质（CFCs和HCFCs）的替代物，并研究出相应的应用技术及设备，在制冷行业得到广泛应用。

（3）安装紧急泄氨器。当冷源系统采用活塞压缩式制冷机制冷，且采用氨压缩制冷时，需要紧急泄氨器这个辅助设备，该设备可以在意外事故或紧急情况发生时，将氨液迅速排至冷冻机房外，以免对机房内的人员等造成伤害。

（4）积极对空调冷源进行检修维护工作。空调冷源常见的故障现象有6种，分别是：①漏：制冷剂泄漏或电气绝缘破损引起的漏电；②堵：制冷系统的脏堵与冰堵；③断：电气线路断线、熔断器烧断、制冷系统压力不正常引起的压力继电器触点断开；④烧：压缩机电动机的绕组等被烧毁；⑤卡：压缩机卡住、风扇卡住等；⑥破损：压缩机阀片破损、活塞拉毛及各种部件破损。

四、冷库环境的减排

（一）冷库环境的减排综述

1. 冷库环境的减排发展概况

随着人们生活水平的不断提高，对食品质量要求也越来越高，对易腐食品要求从其生产、加工、贮藏、运输、销售，直至消费者手中一直置于冷藏环节。因此，冷库已成为必不可少的一个环节。

我国冷库所采用的制冷剂发展经历了三个阶段：①以氨和二氧化碳等自然矿质为主；②含氯的合成制冷剂；③环保类制冷剂。

另外，冷库由于运作的机械较多，会对外界产生噪声污染，噪声会严重影响冷库厂界附近居民的生活质量，侵犯居民的相邻关系权，因此，国家对冷库环境的噪声排放做了相关的规定，以减少冷库对外界环境的噪声污染。

2. 冷库环境的减排技术要求

（1）冷间内的废气直接排放至库外，出风口应设于距冷间内地坪0.5m处，并应设置便于操作的保温启闭装置。

（2）冷库制冷系统辅助设备中冷冻油应通过集油器进行排放。

（3）大、中型冷库制冷系统中不凝性气体，应通过不凝性气体分离器进行排放。

（4）新建或扩改的冷库氨排放量应控制在 1.5mg/m^3，现有的冷库应控制在 2.0mg/m^3。

（二）冷库环境的减排途径及措施

1. 冷库减排途径

（1）在冷库设计方面，尽量选用高效安全环保的冷库冷源设备与制冷剂及其他材料，减少污染物对冷库内外环境的污染。

（2）设计上应考虑在可能发生意外事故紧急情况下的安全设施，提前预防做好安全排放。

（3）在运行使用中，加强维护管理，严格按照操作规程，以免发生渗漏污染及安全事故。

2. 冷库减排措施

（1）对冷库的余热进行回收。冷库，顾名思义要用到较大的冷量，而冷量的制备又离不开与外界的热交换，冷库制冷系统将冷凝热排放到室外，会对环境造成热污染，同时会造成资源的浪费，因此有必要对冷库制冷系统的余热进行回收。冷库压缩机在运转中，其排气温度为 90~100℃，在排气总管上设置排热回收热交换器，可将排气温度降至 60℃左右，再进入冷凝器，而进入热交换器的液体（水、乙二醇、冷冻油等）可加热温升 20K 左右。可以将冷凝热加热冷库日常所需的生活用水，满足冷库所在工作人员日常生活需求，或加热冷库外地坪，以防止土建冷库地坪冻鼓。

（2）选择合适的冷库隔热材料。冷库在设计时一般考虑的是投资回报的最佳经济隔热材料厚度，但是从减排的角度出发，应考虑隔热材料在制造生产、运输使用过程中排出的有害气体、有害污水，另外使用可再生的隔热材料减少冷库废弃物的排放，综合达到冷库减排的效果。

（3）选择合适的制冷剂。目前我国的大中型冷藏库大多数仍采用氨 R717 或 R22 为制冷剂，小型冷藏库尤多采用 R22。当然由于它具有一定的毒性和可燃性，在空间积聚的浓度达到一定程度时具有潜在的爆炸危险，故其应用场所受到一定限制。

（4）对跑氨现象进行预防。“跑氨”泛指制冷系统中氨冷媒因故泄漏，并造成（或将造成）一定危害程度的事故的俗称，是氨制冷系统安全运转的大敌。冷库在安装欠妥，或者管理有疏漏的时候，就可能发生制冷剂——液氨的外跑现象。若不及时采取措施，会导致冷库工作不能正常进行，使库内贮藏的食品受到氨污染。且氨气泄漏会对人体造成一定的伤害，浓度低时，刺激眼鼻、喉黏膜；浓度高时，刺激三叉神经末梢，反射性地引起呼吸障碍，因此需要一些安全措施。

①根据氨易溶于水的特性，在高压区，包括冷凝器、贮氨器普遍加装强力喷淋水系统，并以控制阀分区控制。一旦某处发生大泄露，则立即以喷淋水对其稀释，极大地缓解氨扩散。同时，大量的喷淋水还可使区域降温，扑灭诱发爆燃的火种。

②凡是有循环冷凝水池的冷库，可取消紧急泄氨器，而将泄氨管直接接至池底，以在紧急泄氨时溶解大量液氨。

③所有安全阀的放空管一律接至循环水池或专用水桶，跳阀时则不会将氨气直接排至大气中造成扩散影响。

④根据系统管道外径尺寸，以高压区为重点，配备各种口径的堵漏专用管卡。当管道发生泄漏时，抢险人员在水龙掩护下，根据管径及裂口大小选择相应管卡，内垫橡皮，几分钟内就可将漏点堵住，待善后处理。该段时间由于有水龙压制稀释，扩散的影响会极小。

（5）规范操作。冷库主要使用的制冷装置中是有氨的，而氨对人体的危害很大，如若在运行管理时发生意外，很容易发生跑氨事故，使氨外泄，造成不必要且不环保的排放。因此，有必要在运行管理中对冷库冷源的操作进行规范和约束，从而防止此类事件发生，即要杜绝违章作业及重视设备管理工作。

第三章 暖通空调施工安装基础

第一节 水暖与通风空调管道材料

一、常用水暖管道材料

（一）管道和附件的通用标准

1. 公称通径

公称通径是管道及其附件工程标准化的主要内容，公称通径是国家为保证管子和附件通用性和互换性而制定的通用标准，是对有缝钢管和螺纹连接管子附件的标称，又称公称直径、公称口径，它的主要作用是将同一规格的管子和附件相互连接，使其具有普遍通用性。对于阀门等管子附件和内螺纹管子配件，公称通径等于其内径；对于有缝钢管，公称通径既不是管子内径，也不是管子外径，只是管子的名义直径。公称通径相同的管子外径相同，但因工作压力不同而选用不同的壁厚，所以其内径可能不同。公称通径用 *DN* 表示，如 *DN*100 表示公称通径为 100mm 的管子。

2. 公称压力

公称压力是管子和管子附件在介质温度（200℃）下所能承受的压力允许值，是强度方面的标准。公称压力用符号 *p*N 表示，符号后的数值表示公称压力值，如 *p*N1.0 表示公称压力为 1MPa。

试验压力是在常温下检验管子或管子附件机械强度和严密性的压力标准。试验压力一般情况取 1.5~2 倍公称压力值，公称压力大时取下限，公称压力小时取上限。试验压力用符号 P_s 表示。

工作压力是指管子内有流体介质时实际可承受的压力。由于管材的机械强度会随着温度的提高而降低，所以当管子内介质的温度不同时，管子所能承受的压力也不同。工作压力用符号 P_t 表示，t 为介质最高温度值 1/10 的整数值。

公称压力是管子及附件在标准状态下的强度标准，在选用管子时可直接作为比较的依据。大多数情况下，制品在标准状态下的耐压强度接近于常温下的耐压强度，公称压力十分接近常温下材料的耐压强度。一般情况下，可根据系统输送介质参数按公称压力直接选择管子及附件，无须再进行强度计算。当介质工作温度超过200℃时，管子及附件的选择应考虑因温度升高引起的强度降低，必须满足系统正常运行和试验压力的要求。

（二）管材的种类和规格

金属管材在建筑设备安装工程中占有很大的比例，在安装前应当了解其质量特性和规格种类，建筑设备安装中常用的金属管材从质量方面应具备以下基本要求：①有一定的机械强度和刚度；②管壁厚度均匀，材质密实；③内外表面平整、光滑，内表面粗糙度小；④化学性能和热稳定性好；⑤材料可塑性好，易于煨弯、切削。

实际工程中选择管材时，针对工程的需要对以上要求各有侧重；除此之外，还考虑价格、货源等方面因素。建筑设备安装工程中常用的金属管材有黑色金属管材（钢管）、有色金属及不锈钢管材等。

1. *碳素钢管*

由于碳素钢管机械性能好、加工方便，能承受较高的压力和耐较高的温度，可以用来输送冷热水、蒸汽、燃气、氧气、乙炔、压缩空气等介质，且易于取材，因此是设备安装工程中最常用的管材。但碳素钢管遇酸或在潮湿环境中容易发生腐蚀，从而降低管材原有的机械性能，所以工程上使用碳素钢管时一般要做防腐处理或采用镀锌管材。常见的碳素钢管有无缝钢管、焊接钢管、铸铁管三种。

（1）无缝钢管

无缝钢采用碳素钢或合金钢冷拔（轧）或热轧（挤压、扩）制成。同一规格的无缝钢管有多种壁厚，以满足不同的压力需要，所以无缝钢管不用公称通径表示，而用外径×壁厚表示，如$\varphi155\times4.5$表示外径155mm、壁厚4.5mm的钢管。无缝钢管规格多、耐压力高、韧性强、成品管段长，多用在锅炉房、热力站、制冷站、供热外网和高层建筑的冷、热水等高压系统中。一般工作压力在0.6~1.57MPa时都采用无缝钢管。

除了常用的输送流体用无缝钢管外，还有锅炉无缝钢管、石油裂化用无缝钢管等专用无缝钢管。无缝钢管一般不用螺纹连接而多采用焊接连接。

（2）焊接钢管

焊接钢管也称有缝钢管，包括普通焊接钢管、钢板直缝卷焊钢管、螺旋缝焊接钢管等。普通焊接钢管因常用于室内给排水、采暖和煤气工程中，故也称为水煤气管。

普通焊接钢管由碳素钢或低合金钢焊接而成，按表面镀锌与否分为黑铁管和白铁管。黑铁管表面不镀锌；白铁管表面镀锌，也叫镀锌管。镀锌管抗锈蚀性能好，常用于生活饮用水和热水系统中。常用的低压流体输送焊接钢管规格为 *DN*6～*DN*150，适用于 0～140℃ 工作压力较低的流体输送。焊接钢管有两端带螺纹和不带螺纹两种。两端带螺纹的管长 6～9m，供货时带一个管接头；不带螺纹的管长 4～12m。焊接钢管以公称通径标称。

螺旋缝焊接钢管公称压力一般不大于 2.0MPa，多用在蒸汽、凝结水、热水和煤气等室外大管径管道和长距离输送管道中。

焊接钢管检验标准与无缝钢管标准相同。焊缝应平直、光滑，不得有开裂现象，镀锌钢管镀锌层应完整均匀。焊接钢管可用焊接或螺纹连接，但镀锌钢管一般不用焊接。

（3）铸铁管

铸铁管优点是耐腐蚀，经久耐用；缺点是质脆，焊接、套丝、煨弯困难，承压能力低，不能承受较大动荷载，多用于腐蚀性介质和给排水工程中。建筑设备安装工程中常用的铸铁管采用灰铸铁铸造而成，分为给水铸铁管和排水铸铁管。

给水铸铁管管长有 4m、5m 和 6m 几种，能承受一定的压力，按工作压力分为低压管、普压管和高压管。

2. 合金钢管及有色金属管

（1）合金钢管

合金钢管是在碳素钢中加入锰（Mn）、硅（Si）、钒（V）、钨（W）、钛（Ti）、铌（Nb）等元素制成的钢管，加入这些元素能加强钢材的强度或耐热性。合金元素含量小于 5%为低合金钢，合金元素含量 5%～10%为中合金钢，合金元素含量大于 10%为高合金钢。合金钢管多用在加热炉、锅炉耐热管和过热器等场合。连接可采用电焊和气焊，焊后要对焊口进行热处理。合金钢管一般为无缝钢管，规格同碳素无缝钢管。

（2）不锈钢管

不锈钢是为了增强耐腐蚀性，在碳素钢中加入铬（Cr）、镍（Ni）、锰（Mn）、硅（Si）、钼（Mo）、铌（Nb）、钛（Ti）等元素形成的一种合金钢。根据含铬量不同，不锈钢分为铁素体不锈钢、马氏不锈钢和奥氏不锈钢。铁素体不锈钢难以焊接，马氏不锈钢几乎不能焊接，奥氏不锈钢具有良好的可焊性。不锈钢管多用在石油、化工、医药、食品等工业中。

（3）铝管及铝塑复合管

铝管是由铝及铝合金经过拉制和挤压而成的管材，使用最高温度为 150℃，公称压力不超过 0.588MPa。常用 12、13、14、15 牌号的工业铝制造，加工方法为拉制或挤压成形。铝及铝合金管有较好的耐腐蚀性能，常用于输送浓硝酸、脂肪酸、丙酮、苯类等液体，也可用于输送硫化氢、二氧化碳等气体，但不能用于输送碱和氯离子的化合物。薄壁管由冷拉或冷压制成，供应长度为1~6m；厚壁管由挤压制成，最小供应长度为300mm。铝及铝合金管规格（外径mm）有11、14、18、25、32、38、45、60、75、90、110、120、185，壁厚0.5~32.5mm。铝合金管由铝镁、铝锰体系组成，其特点是耐腐蚀性、抛旋光性高，塑性和强度高。纯铝管可焊性好；铝合金管焊接稍难，多采用氩弧焊接。

铝塑复合管是以焊接铝管为中间层，内外层均为聚乙烯塑料，采用专用热熔胶，通过挤出成形的方法复合成一体的管材，铝塑复合管是一种集金属和塑料优点于一体的新型材料，具有耐腐蚀、耐高温、不回弹、阻隔性能好、抗静电等特点。

铝塑复合管（缩写PAP），是指采用中、高密度聚乙烯塑料的铝塑复合管。交联铝塑复合管（缩写XPAP），是指采用交联中、高密度聚乙烯塑料的铝塑复合管。

（4）铜管

常用铜管有紫铜管（纯铜管）和黄铜管（铜合金等），紫铜管主要由12、13、T4、TUP（脱氧铜）制造，黄铜管主要由H62、H68、HPb59-1等牌号的黄铜制造。铜及铜合金管可用于制氧、制冷、空调、高纯水设备、制药等管道，也可用于现代高档次建筑的给水、热水供应管道等。根据制造方式可分为拉制铜管和挤制铜管，一般中、低压采用拉制管；根据材料不同，可分为紫铜管、黄铜管和青铜管。紫铜管和黄铜管多用于热交换设备中，青铜管主要用于制造耐磨、耐腐蚀和高强度的管件或弹簧管。铜管连接可采用焊接、胀接、法兰连接和螺纹连接等。焊接应严格按照焊接工艺要求进行，否则极易产生气泡和裂纹。由于铜具有良好的延展性，因此铜管也常采用胀接和法兰翻边连接；厚壁铜管可采用螺纹连接。铜管标称用外径×壁厚表示。

（5）铅管

铅是一种银灰色金属，其硬度小、密度大、熔点低、可塑性好、电阻率大、易挥发，具有良好的可焊性和耐蚀性，阻止各种射线的能力很强。铅的强度较低，在铅中加入适量的锑，不但能增加铅的硬度，而且还能提高铅的强度；但如果加入的锑过多，又会使铅变脆，而且也会削弱铅的耐腐蚀性和可焊性。由于铅有毒，因此不能用于食品工业的管道与设备，也不能用作输送生活饮用水的管材。由于铅的强度和熔点较低，而且随着温度的升高，强度降低极为显著，因此，铅制的设备及管道不能超过200℃，且温度高于140℃时，不宜在压力下使用。铅的硬度较低，不耐磨，因此铅管不宜输送有固体颗粒、悬浮液体的介质。铅管分为纯铅管（软铅管）和铅合金管（硬铅管）。主要用来输送140℃以下的酸液。铅管标称用内径×外径表示。

3. 非金属管材

非金属管材可大致分为陶土、水泥材质的管材和塑料管材。陶土、水泥材质的管材耐腐蚀、价格低廉，一般作为大尺寸管子，用在不承受压力的室外排水系统中。塑料管材主要包括聚氯乙烯系列管、聚烯烃系列管、钢（铝）塑复合管、ABS、玻璃钢管材等。塑料管材具有重量轻、耐腐蚀、表面光滑、安装方便、价格低廉等优点。它是新兴的材料，在建筑设备安装工程中逐渐被广泛应用于给水、排水、热水和燃气管道中。

适用于给水和热水的管材主要有冷热水用耐热聚乙烯管、交联聚乙烯管、改性聚丙乙烯管和铝塑复合管；排水管道以硬聚氯乙烯管为主；燃气管道多用中密度聚乙烯管。

（1）冷热水用耐热聚乙烯（PE-RT）管

冷热水用耐热聚乙烯管重量轻、柔韧性好、管材长、管道接口少，系统完整性好；材质无毒，无结垢层、不滋生细菌；耐防腐，使用寿命长。工程常用的冷热水用耐热聚乙烯管有中密度和高密度两种。燃气输送管道多采用中密度管，中密度管（MDPE）有 SDR11 和 SDR17.6 系列，SDR11 系列管壁较厚，工作压力小于 0.4MPa；SDR17.6 系列管壁较薄，工作压力小于 0.2MPa；2 个系列都有 16 个规格，公称外径为 20~25mm。高密度管（HDPE）可用于水或无害、无腐蚀的介质输送，国产高密聚乙烯包括 25 个规格，公称外径为 16~630mm，有 PE63、PE80、PE100 等 3 个级别，每个级别有 5 个系列，分别适用于不同的公称压力。

（2）交联聚乙烯（PE-X）管

交联聚乙烯管是以高密度聚乙烯为主要原料，通过高能射线或化学引发剂将大分子结构转变为空间网状结构材料制成的管材。管材的内外表面应该光滑、平整、干净，不能有影响产品性能的明显划痕、凹陷、气泡等缺陷。管壁应无可见的杂质，管材表面颜色应均匀一致，不允许有明显色差。

交联聚乙烯管在建筑冷热水供应、饮用水、空调冷热水、采暖管道和地板采暖盘管等场合都可应用。

（3）无规共聚聚丙烯（PPR）管和聚丁烯（PB）管

无规共聚聚丙烯管是 20 世纪 80 年代末 90 年代初发展起来的新兴管材，具有重量轻、强度好，耐腐蚀、不结垢，防冻裂、耐热保温、使用寿命长等特点；但抗冲击性能差，线性膨胀系数大。无规共聚聚丙烯管公称外径为 20~63mm，壁厚 12.3~12.7mm，公称压力 1.0~3.2MPa。

（4）氯化聚氯乙烯（CUPVC）管

氯化聚氯乙烯管是由含氯量高达 66%的过氯乙烯树脂加工而成的一种耐热管材，其具有良好的强度和韧性，耐化学腐蚀，耐老化，自熄性阻燃，热阻大等特点。规格为公称直径 15～300mm，供应管长 4m，公称压力有 1.0MPa 和 1.6MPa，使用温度范围为 40～95℃，适用于各种冷热水系统及污水管、废液管。

（5）ABS 管

ABS 管是由丙烯腈-丁二烯-苯乙烯三元共聚经注射加工而形成的管材。用于稀酸液或生活水管。工作介质温度-40～80℃，工作压力小于 1.0MPa。

（6）给水高密度聚乙烯（HDPE）管

其适合于建筑物内外（架空或埋地）给水温度不超过 45℃的系统，管材规格用 *DN*（外径）×*e*（壁厚）表示，长度 4m。

（7）给水低密度聚乙烯（LDPE）管

其适合于公称压力为 0.4MPa、0.6MPa、1.0MPa，公称外径 16～110mm，输送水温 40℃以下埋地给水管，管材规格用 *DN*（外径）×*e*（壁厚）表示。

此外，还有钢衬玻璃管、钢塑复合管、耐酸橡胶管和耐酸陶瓷管等，主要用于腐蚀性、酸性介质的输送。

塑料管连接可根据不同管材采用承插连接、热熔焊接、电熔连接、胶粘连接、挤压头连接等方式。

（三）管道附件

1. 金属螺纹连接管件

金属螺纹连接管子配件的材质要求密实、坚固，且有韧性，便于机械切削加工。管子配件的内螺纹应端正、整齐、无断丝，壁厚均匀一致、无砂眼，外形规整。主要用可锻铸铁、黄铜或软钢制造而成。

（1）金属螺纹连接管件可分为以下几种：

①管路延长连接用配件。管箍、外丝（内接头）。

②管路分支连接用配件。三通（丁字管）、四通（十字管）。

③管路转弯用配件。90°弯头、45°弯头。

④节点碰头连接用配件。根母（六方内丝）、活接头（由任）、带螺纹法兰盘。

⑤管子变径用配件。补芯（内外丝）、异径管箍（大小头）。

⑥管子堵口用配件。螺堵、管堵头。

螺纹连接管子配件的规格和所对应的管子是一致的，都以公称通径标称。同一种配件有同径和异径之分，如三通管分为同径和异径。同径管件规格的标志可以用一个数值或三个数值表示，如规格为 25 的同径三通可以写为⊥25 或⊥25×25×25。异径管件的规格通常用两个管径数值表示，前一个数表示大管径，后一个数表示小管径，如异径三通⊥25×15，异径大小头 32×20。

（2）铸铁管管件

铸铁管管件由灰铸铁制成，分为给水管件和排水管件。给水铸铁管件壁厚较厚，能承受一定的压力。连接形式有承插和法兰连接，主要用于给水系统和供热管网中。给水铸铁管件按照功能分为以下几类：

①转向连接。如 90°、45°等各种弯头。

②分支连接。如丁字管、十字管等。

③延长连接。如管子箍（套袖）。

④变径连接。如异径管（大小头）。

排水铸铁管件壁厚较薄，为无压自流管件，连接形式都是承插连接，主要用于排水系统。排水铸铁管件按照功能分为以下几类：

①转向连接。如 90°、45°弯头和乙字弯。

②分支连接。如 T 形三通和斜三通，正四通和斜四通。

③延长连接。如管子箍、异径接头。

④存水弯。如 P 形弯、S 形弯。

2. 非金属管件

（1）塑料管管件

塑料管管件主要用于塑料管道的连接，各种功能和形式与前述各种管件相同。但由于连接方式不同，塑料管管件可大致分为熔接、承插连接、黏结和螺纹连接四种，熔接一般用在 PP-R 给水及采暖管道的连接，承插连接多用于排水用陶土及水泥管道连接，黏结用于排水用 UPVC 管道的连接，螺纹连接管件一般用于 PE 给水管道的连接，内部一般设有金属嵌件。

（2）挤压头连接管件

这种管件内一般都设有卡环，管道插入管件内后，通过拧紧管件上的紧固圈，将卡环顶进管道与管件内的空隙中，起到密封和紧固作用。

在管路连接中，法兰盘既能用于钢管，也能用于铸铁管；可以和螺纹连接配合，也可以焊接；可以用于管子延长连接，也可作为节点连接用，所以它是一个多用途的配件。

二、常用通风空调管道材料

通风空调工程所用材料一般分为主材和辅材。主材主要指板材和型钢；辅材指常用紧固件、型钢等。

（一）常用板材

1. 金属板材

金属薄板主要用于制作风管、气柜、水箱及维护结构。制作风管及风管部件用的金属薄板的板面要平整、光滑，厚度均匀一致，无脱皮、开裂、结疤及锈坑，有较好的延展性，适宜咬口加工。

常用的金属薄板有普通钢板、镀锌钢板、塑料复合钢板、不锈钢板和铝板等。

（1）普通薄钢板与镀锌薄钢板

普通钢板加工性能好、强度较高，且价格便宜。广泛用于普通风管、气柜、水箱等的制作。镀锌钢板和塑料复合钢板主要用于空调、超净等防尘或防腐要求较高的专风系统。镀锌钢板表面因有镀锌保护层起防锈作用，一般不再刷防锈漆。塑料复合钢板是将普通薄钢板表面喷涂一层0.2~0.4mm厚的塑料，其具有较好的耐腐蚀性，用于有腐蚀气体的通风系统。不锈钢板用于化工高温环境下的耐腐蚀通风系统。铝板延展性能好，适宜咬口连接，耐腐蚀，且具有传热性能良好，在摩擦时不易产生火花的特性，常用于有防爆要求的通风系统。

普通薄钢板因其表面容易生锈，应刷油漆进行防腐，它多用于制作排气、除尘系统的风管及部件。镀锌薄钢板表面有镀锌层保护，常用于制作不含酸、碱气体的通风系统和空调系统的风管及部件。薄钢板选用时，要求表面平整、光滑，厚薄均匀，允许有紧密的氧化铁薄膜，但不得有裂纹、结疤等缺陷。

（2）不锈钢板

其表面有铬元素形成的钝化保护膜，起隔绝空气，使钢板不被氧化的作用。它具有较高的强度和硬度，韧性大，可焊性强，在空气、酸及碱性溶液或其他介质中有较高的化学稳定性。在加工和存放过程中都应特别注意，不应使板材的表面产生划痕、刮伤和凹穴等现象，因为其表面的钝化膜一旦被破坏就会降低它的耐腐蚀性。加工时，不得使用铁锤敲打，避免破坏合金元素的晶体结构，否则在被铁锤敲击处会出现腐蚀中心，产生锈斑并蔓延破坏其表面的钝化膜，从而使不锈钢板表面成片腐蚀。不锈钢板是一种不易生锈的合金钢，但不是绝对不生锈。在堆放和加工时，不应使表面划伤或擦毛，避免与碳素钢长期接触而发生电化学反应，从而保护其表面形成的钝化膜不受破坏。不锈钢板表面光洁，耐酸、碱气体、溶液及其他介质的腐蚀。所以，不锈钢板制成的风管及部件常用于化工、食品、医药、电子、仪表等工业通风系统和有较高净化要求的送风系统。印刷行业使用排风系统的目的是排出水蒸气，也使用不锈钢板来加工风管。

不锈钢板价格高出镀锌钢板 10 倍以上。

（3）铝板及铝合金

铝板有钝铝和合金铝两种，用于通风空调工程的铝板以纯铝为多。铝板质轻、表面光洁，具有良好的可塑性，对浓硝酸、醋酸、稀硫酸有一定的抗腐蚀能力，同时在摩擦时不会产生火花，常用于化工工程通风系统和防爆通风系统的风管及部件。

铝板不能与其他金属长期接触，否则将对铝板产生电化学腐蚀。所以铝板铆接加工时不能用碳素钢铆钉代替铝铆钉；铝板风管用角钢做法兰时，必须做防腐绝缘处理，如镀锌或喷漆。铝板风管的价格一般高出镀锌钢板风管 1 倍左右，因而比不锈钢风管用得普遍。

铝合金板是以铝为主，加入一种或几种其他元素制作而成的。铝合金板具有较强的机械强度，比重轻，塑性及耐腐蚀性能也很好，易于加工成形。

（4）塑料复合钢板

塑料复合钢板是在普通薄钢板的表面上喷一层 0.2~0.4mm 厚的软质或半硬质塑料膜。这种复合板既有普通薄钢板的切断、弯曲、钻孔、铆接、咬合、折边等加工性能和较强的机械强度，又有较好的耐腐蚀性能。常用于防尘要求较高的空调系统和-10~70℃的耐腐蚀系统的风管。

2. 非金属板材

在通风与空调工程中，常用的非金属材料有硬聚氯乙烯板、玻璃钢风管等。

（1）硬聚氯乙烯塑料板

硬聚氯乙烯塑料板是由聚氯乙烯树脂掺入稳定剂和少量增塑剂加热制成的。它具有良好的耐腐蚀性，对各种酸碱类的作用均很稳定，但对强氧化剂如浓硝酸、发烟硫酸和芳香族碳氢化合物及氯化碳氢化合物是不稳定的。同时，它还具有一定强度和弹性，线膨胀系数小，热导率也不大［$\lambda=0.15W/(m^2\cdot℃)$］，又具有便于加工成形等优点，所以用它制作的风管及加工的风机，常用于输送温度在-10~60℃含有腐蚀性气体的通风系统中。

硬聚氯乙烯板的表面应平整，不得含有气泡、裂纹；板材的厚薄应均匀，无离层等现象。

（2）玻璃钢

玻璃钢是以玻璃纤维（玻璃布）为增强材料、以耐腐蚀合成树脂为胶黏剂复合而成的。玻璃钢制品如玻璃钢风管及部件等，具有重量轻、强度高、耐腐蚀、抗老化、耐火性好，但刚度差等特点，广泛用于纺织、印染、化工、冶金等行业使用的通风系统中（带有腐蚀性气体的除外）。玻璃钢风管及配件一般在玻璃钢厂用模具生产，保温玻璃钢风管可将管壁制成夹层，中间可采用聚苯乙烯、聚氨酯泡沫塑料、蜂窝纸等材料填充。

玻璃钢风管及部件，其表面不得扭曲，内表面应平整、光滑，外表面应整齐、美观，厚薄均匀，并不得有气泡、分层现象。

（二）常用垫料

垫料主要用于风管法兰接口连接、空气过滤器与风管的连接及通风、空调器各处理段的连接等部位作为衬垫，以保持接口处的严密性。它应具有不吸水、不透气和较好的弹性等特点，其厚度为3～5mm，空气洁净系统的法兰垫料厚度不能小于5mm，一般为5～8mm。工程中常用的垫料有石棉绳、橡胶板、石棉橡胶板、乳胶海绵板、闭孔海绵橡胶板、耐酸橡胶板、软聚氯乙烯塑料板和新型密封垫料等，可按风管壁厚、所输送介质的性质及要求密闭程度的不同来选用。

1. 橡胶板

常用的橡胶板除了在-50～150℃温度范围内具有极好的弹性外，还具有良好的不透水性、不透气性、耐酸碱和电绝缘性能和一定的扯断强力和耐疲劳强力。其厚度一般为3～5mm。

2. 石棉绳

石棉绳是由矿物中石棉纤维加工编制而成的。可用于空气加热器附近的风管及输送温度大于70℃的排风系统，一般使用直径为3～5mm。石棉绳不宜作为一般风管法兰的垫料。

3. 石棉橡胶板

石棉橡胶板可分为普通石棉橡胶板和耐油石棉橡胶板，应按使用对象的要求来选用。石棉橡胶板的弹性较差，一般不作为风管法兰的垫料。但高温（大于70℃）排风系统的风管采用石棉橡胶板作为风管法兰的垫料比较好。

4. 闭孔海绵橡胶板

闭孔海绵橡胶板是由氯丁橡胶经发泡成形，构成闭孔直径小而稠密的海绵体，其弹性介于一般橡胶板和乳胶海绵板之间，主要用于要求密封严格的部位，常用于空气洁净系统风管、设备等连接的垫片。

近年来，有关单位研制的以橡胶为基料并添加补强剂、增黏剂等填料配置而成的浅黄色或白色黏性胶带，用作通风、空调风管法兰的密封垫料。这种新型密封垫料（XM-37M型）与金属、多种非金属材料均有良好的黏附能力，并具有密封性好、使用方便、无毒、无味等特点。XM-37M型密封粘胶带的规格为7500mm×12mm×3mm和7500mm×20mm×3mm，用硅酮纸成卷包装。

另外，8501 型阻燃密封胶带也是一种专门用于风管法兰密封的新型垫料，多年来已被市场认可，使用相当普遍。

（三）常用型钢

在供热及通风工程中，型钢主要用于设备框架、风管法兰盘、加固圈及管路的支、吊、托架，常用型钢种类有扁钢、角钢、圆钢、槽钢和 H 型钢等。

（四）常用紧固件

常用紧固件主要指用于各种管路及设备的拉紧与固定所用的器件，如螺母、螺栓、铆钉及法兰螺钉等。

螺母与螺栓的螺距通常分为粗牙和细牙。粗牙普通螺距用字母“M”和公称直径表示，如 M16 表示公称直径为 16mm。细牙普通螺纹用字母“M”和公称直径及螺距表示，如 M10×1.25 表示螺距为 1.25mm 公称直径为 10mm 的细牙螺纹。安装工程中粗牙的螺母、螺栓用得较多。

1. 螺母

螺母按形状分六角螺母和方螺母，从加工方式的不同可分为精制、粗制和冲压螺母。

2. 螺栓

螺栓又称为螺杆，它按形状分为六角、方头和双头（无头）螺栓；按加工要求分为粗制、半精制、精制。规格表示：公称直径×长度或公称直径×长度×螺纹长度。

3. 垫圈

垫圈分为平垫圈和弹簧垫圈。平垫圈垫于螺母下面，增大螺母与被紧固件间的接触面积，降低螺母作用在单位面积上的压力，并起保护被紧固件表面不受摩擦损伤的作用。

弹簧垫圈富有弹性，能防止螺母松动。适用于常发生振动处。它分为普通与轻型两种，规格与所配合使用的螺栓一致，以公称直径表示。

4. 膨胀螺栓

膨胀螺栓又称胀锚螺栓，可用于固定管道支架及作为设备地脚专用紧固件。采用膨胀螺栓可以省去预埋件及预留孔洞，且能提高安装速度和工程质量，节约材料，降低成本。膨胀螺栓形式繁多，但大体上可分为两类，即锥塞型和胀管型。这两类螺栓中有采用钢材制造的钢制膨胀螺栓，也有采用塑料胀管、尼龙胀管、铜合金胀管及不锈钢的膨胀螺栓。

锥塞型膨胀螺栓适用于钢筋混凝土建筑结构。它是由锥塞（锥台）、带锥套的胀管（也有不带锥套的）、六角螺栓（或螺杆和螺母）组成的。使用时，靠锥塞打入胀管，于是胀管径向膨胀使胀管紧塞于墙孔中。胀管前端带有公制内螺纹，可拧入螺栓或螺杆。为防止螺栓受振动影响引起胀管松动，可采用锥塞带内螺纹的膨胀螺栓。

胀管型膨胀螺栓适用于砖、木及钢筋混凝土等建筑结构。它是由带锥头的螺杆、胀管（在一端开有4条槽缝的薄壁短管）及螺母组成的。使用时，随着螺母的拧紧，胀管随之膨胀紧塞于墙孔中。对于受拉或受动载荷作用的支架、设备，宜使用这种膨胀螺栓。

用聚氯乙烯树脂做胀管的膨胀螺栓使用时，将其打入钻好的孔中，当拧紧螺母时，胀管被压缩沿径向向外鼓胀，从而螺栓更加紧固于孔中。当螺母放松后，聚氯乙烯树脂胀管又恢复原状，螺栓可以取出再用。这种螺栓对钢筋混凝土、砖及轻质混凝土等低密度材质的建筑结构均适用。

5. 射钉

射钉和膨胀螺栓一样，近几年来开始广泛地用于安装工程。射钉埋置不用钻孔，而是借助于射钉枪中弹药爆炸的能量，将钢钉直接射入建筑结构中。射钉是一种专用特制钢钉，它可以安全准确地射在砖墙、钢筋混凝土构件、钢质或木质构件上指定的位置。

用射钉安装支架与设备，位置准确，速度快，不用其他动力设施，并可节省能源和材料。

射钉选用时，要考虑载荷量、构件的材质和钉子埋入深度。根据射钉的大小选用射钉弹，M10的射钉打入80号砖深度50mm，需弹药1.0g；打入300号混凝土深度50mm，需弹药1.3g；打透10mm厚的钢板用弹药重为1.5g。

为保证射钉安全，防止事故发生，射钉枪设有安全装置。装好射钉和弹药的射钉枪，在对空射击时弹药不会击发，枪口必须对着实体并用30~50N的压力使枪管向后压缩到规定位置时，扣动扳机才能击发，这就保证了安全。

射钉是靠对基体材料的挤压所产生的摩擦力而紧固的。射钉紧固件轻型和中型静载荷，不宜承受振动载荷和冲击载荷。

6. 铆钉

铆钉是用于板材、角钢法兰与金属风管间连接的紧固件。按其形式不同可分为圆头（蘑菇顶）铆钉和平头铆钉；按材质不同可分为钢铆钉和铝铆钉，铝铆钉又分为实心、抽芯、击芯等形式。

铆钉规格以铆钉直径×钉杆长度表示，如5mm×8mm、6mm×10mm。钢铆钉在使用前要进行退火处理。

第二节　阀门和法兰

一、常用阀门

水暖系统所用阀门种类较多，一般是用来控制管道机器设备流体工况的一种装置，在系统中起到控制调节流速、流量、压力等参数的作用。

（一）阀门的分类

根据不同的功能，阀门有很多种类，如截止阀、闸阀、节流阀、旋塞阀、球阀、止回阀、减压阀、安全阀、浮球阀、疏水阀等。但按其动作特点，可归纳为手动阀门、动力驱动阀门和自动阀门。手动阀门靠人力手工驱动；动力驱动阀门需要其他外力操纵阀门，按不同驱动外力，动力驱动阀门又可分为电动阀门、液压阀门、气动阀门等形式；自动阀门是借用介质本身的流量、压力、液位或温度等参数发生的变化而自行动作的阀门，如止回阀、安全阀、浮球阀、减压阀、跑风阀、疏水阀等。按承压能力，可分为真空阀门、低压阀门（$PN \leqslant 1.6$MPa）、中压阀门（2.5MPa $\leqslant PN \leqslant$ 10MPa）、高压阀门（10MPa $< PN \leqslant$ 100MPa）、超高压阀门（$PN >$ 100MPa）。一般建筑设备系统中所采用的阀门多为低压阀门。各种工业管道及大型电站锅炉采用中压、高压或超高压阀门。

1. 截止阀

截止阀主要用于热水、蒸汽等严密性要求较高的管路中，阻力比较大。手动截止阀由阀体、阀瓣、阀盖、阀杆及手轮组成，当手轮逆时针方向转动时，阀杆带动阀瓣沿阀杆螺母、螺纹旋转上升，阀瓣与阀座间的距离增大，阀门便开启或开大；手轮顺时针方向转动时，阀门则关闭或关小。阀瓣与阀杆活动连接，在阀门关闭时，使阀瓣能够准确地落在阀座上，保证严密贴合，同时也可以减少阀瓣与阀座之间的磨损。填料压盖将填料紧压在阀盖上，起到密封作用。为了减少水阻力，有些截止阀将阀体做成流线型或直流式。截止阀安装时要注意流体“低进高出”。

2. 闸阀

闸阀又称闸板阀，是利用与流体垂直的闸板升降控制开闭的阀门，主要用于冷热水管道系统中全开、全关或大直径蒸汽管路不常开关的场合。流体通过闸阀时流向不变，水阻力小，无安装方向，但严密性较差，不宜用于需要调节开度大小启闭频繁或阀门两侧压力差较大的管路上。

3. 减压阀

减压阀的工作原理是使介质通过收缩的过流断面而产生节流，节流损失使介质的压力减低，从而成为所需要的低压介质。减压阀一般有弹簧式、活塞式和波纹管式，可根据各种类型减压阀的调压范围选择和调整。热水、蒸汽管道常用减压阀调整介质压力，以满足用户的要求。

4. 止回阀

止回阀又称逆止阀或单向阀，是使介质只能从一个方向通过的阀门。它具有严格的方向性，主要作用是防止管道内的介质倒流，常用于给水系统中。在锅炉给水管道上、水泵出口管上均应设置止回阀，防止由于锅炉压力升高或停泵造成出口压力降低而产生的炉内水倒流。常用的止回阀有升降式和旋启式。升降式止回阀应安装在水平管道上；旋启式止回阀既可以安装在垂直管道上，也可以安装在水平管道上，阀体均标有方向箭头，不允许装反。

5. 安全阀

安全阀是一种自动排泄装置。当密闭容器内的压力超过了工作压力时，安全阀自动开启，排放容器内的介质（水、蒸汽、压缩空气等），降低容器或管道内的压力，起到对设备和管道的保护作用。安装安全阀前应调整定压，并认真调试，调整后应铅封且不允许随意拆封。安全阀的工作压力应与规定的工作压力范围相适应。常用的安全阀有弹簧式和杠杆式。

6. 疏水器

疏水器是用于蒸汽系统中的一种阻汽设备，主要作用是阻止蒸汽通过，并能顺利排出凝结水。蒸汽在管道内流动，不断产生凝结水，尤其在通过散热设备后会产生大量凝结水。凝结水中夹带部分蒸汽，如果直接流回凝结水池或排放，会降低热效率，并出现水击现象。疏水器可以阻汽排水，提高系统的蒸汽利用率，是保证系统正常工作的重要设备。

7. 蝶阀

蝶阀是一种体积小、构造简单的阀门，常用于给水管道上，分为手柄式和蜗轮传动式。使用时阀体不易漏水，但密闭性较差，不易关闭严密。

8. 旋塞阀

旋塞阀是一种结构简单、开启及关闭迅速、阻力较小的阀门，用手柄操纵。当手柄与阀体成平行状态时为全启位置，当手柄与阀体垂直时为全闭位置，因此不宜作为调节阀使用。

9. 球形阀

球形阀的工作原理与旋塞阀相同，但阀芯是球形体，在球形阀芯中间开孔，借助手柄转动球芯达到开关目的。球形阀的构造简单，体积较小，零部件少，重量较轻，开关迅速，阻力小，严密性和开关性能都比旋塞阀好。但由于密封结构和材料的限制，球阀不宜用在高温介质中。

10. 温控阀

温控阀是由恒温控制器（阀头）、流量调节阀（阀体）及一对连接件组成。根据温包位置可分为温包内置和温包外置（远程式）。温度设定装置也有内置式和远程式，可以按照其窗口显示来设定所要求的控制温度，并加以自动控制。当室温升高时，感温介质吸热膨胀，关小阀门开度，减少了流入散热器的水量；当室温降低时，感温介质放热收缩，阀芯被弹簧推回而使阀门开度变大，增加流经散热器水量，恢复室温。散热器温控阀的阀体具有较佳的流量调节性能，调节阀阀杆采用密封活塞形式。散热器温控阀适用于双管采暖系统，应安装在每组散热器的供水支管上或分户采暖系统的总入口供水管上。恒温控制器的温控阀分为两通阀与三通型阀，主要应用于单管跨越式系统，其流通能力较大。

11. 平衡阀

平衡阀通过改变阀芯与阀座的间隙（开度），改变流经阀门的流动阻力，达到调节流量的目的。平衡阀还具有关断功能，可以用它代替一个关断阀门。平衡阀在一定的工作差压范围内，可有效地控制通过的流量，动态调节供热管网系统，自动消除系统剩余压力，实现水力平衡。平衡阀可装在热水采暖系统的供水或回水总管上，以及室内供暖系统各个环路上。在系统、总管及各分支环路上均可装设。阀体上标有水的流动方向箭头，切勿装反。

（二）阀门的识别

阀门的类别、驱动方式和连接形式，可以从阀件的外形加以识别。公称直径、公称压力（或工作压力）和介质温度及介质流动方向。对于阀体材料、密封圈材料及带有衬里的阀件材料，必须根据阀件各部位所涂油漆的颜色来识别。

二、常用法兰

法兰包括上下法兰片、垫片及螺栓螺母三部分。从外形上，法兰盘分为圆形、方形和椭圆形，分别用于不同截面形状的管道上，其中圆形法兰用得最多。

（一）法兰类型

法兰一般由钢板加工而成，也有铸钢法兰和铸铁螺纹法兰。根据法兰与管子连接方式不同，法兰可分为平焊法兰、对焊法兰、松套法兰和螺纹法兰等。

1. 平焊法兰

平焊法兰又叫搭焊法兰，多用钢板制作，易于制造、成本低，应用最为广泛。但法兰刚度差，在温度和压力较高时易发生泄漏。平焊法兰一般用于公称压力≤2.5MPa，温度≤300℃的中低压管道。

2. 对焊法兰

由于法兰上有一小段锥形短管，所以又叫高颈法兰。连接时，管道与锥形短管对口焊接。对焊法兰多由铸钢或锻钢制造，刚度较大，在较高的压力和温度条件下（尤其在温度波动条件下）也能保证密封。适用于工作压力≤20MPa，温度 350~450℃的管道连接。

3. 松套法兰

松套法兰又叫活动法兰，法兰与管子不固定，而是活动的套在管子上。连接时，靠法兰挤压管子的翻边部分，使其紧密结合，法兰不与介质接触。松套法兰多用于铜、铝等有色金属及不锈钢管道的连接。

4. 螺纹法兰

螺纹法兰与管端采用螺纹连接，管道之间采用法兰连接。法兰不与介质接触，常用于高压管道或镀锌管连接。螺纹法兰有钢制和铸铁两种。

（二）法兰垫圈

法兰连接的接口为了严密、不渗不漏，必须加垫圈，法兰垫圈厚度一般为 3~5mm，垫圈材质根据管内流体介质的性质或同一介质在不同温度和压力的条件下选用，常见的垫圈材料有橡胶板、石棉板、塑料板、软金属板等。

法兰连接用的螺栓规格应符合标准，螺栓拧紧后露出的螺纹长度不应大于螺栓直径的一半。螺栓在使用前应刷防锈漆 1~2 遍，面漆与管道一致。安装时，螺栓的朝向应一致。

第三节　水暖施工安装机具

一、管道切断机具

（一）小型切管机切割

安装工程常用的小型切管机有手工钢锯、机械锯、滚刀切管器和砂轮切割机，它们的工作原理及操作方法如下：

1. 手工钢锯

手工钢锯切割是工地上广泛应用的管子切割方法。钢锯由锯弓和锯条构成。锯弓前部可旋转、伸缩，方便锯条安装，后部的拉紧螺栓用于拉紧、固定锯条。锯条分细齿和粗齿，细齿锯齿低、齿距小、进刀量小，与管子接触的锯齿多，不易卡齿，用于锯切材质较硬的薄壁金属管子；粗齿锯齿高、齿距大，适用于厚壁有色金属管道、塑料管道或一般管径的钢管锯切。使用钢锯切割管子时，锯条平面必须始终保持与管子垂直，以保证断面平整。

手工钢锯切割的优点是设备简单，灵活方便，切口不收缩和不氧化。缺点是速度慢，费力，切口平正较难掌握。适用于现场切割量不大的小管径金属管道、塑料管道和橡胶管道的切割。

2. 机械锯

机械锯有两种：一种是装有高速锯条的往复锯弓锯床，可以切割直径小于 220mm 的各种金属管和塑料管；另一种是圆盘式机械锯，锯齿间隙较大，适用于有色金属管和塑料管切割。使用机械锯时，要将管子放平稳并夹紧，锯切前先开锯空转几次；管子快锯完时，适当降低速度，以防管子突然落地伤人。

3. 滚刀切管器

滚刀切管器由滚刀、刀架和手柄组成，适用于切割管径小于 100mm 的钢管。切管时，用压力钳将管子固定好，然后将切管器刀刃与管子切割线对齐，管子置于两个滚轮和一个滚刀之间，拧动手柄，使滚轮夹紧管子，然后进刀边沿管壁旋转，将管子切割。滚刀切管器切割钢管速度快，切口平正，但会产生缩口，必须用绞刀刮平缩口部分。

4. 砂轮切割机

砂轮切割机切管是利用高速旋转的砂轮片与管壁接触摩擦切削，将管壁磨透切割。使用砂轮切割机时，要将管子夹紧，砂轮片要与管子保持垂直，开启切割机，等砂轮转速正常以后再将手柄下压，下压进刀不能用力过猛。砂轮切割机切管速度快，移动方便，省时省力，但噪声大，切口有毛刺。砂轮机能切割管径小于 150mm 的管子，特别适合切割高压管和不锈钢管，也可用于切割角钢、圆钢等各种型钢。

（二）氧气-乙炔焰切割

氧气-乙炔焰切割是利用氧气和乙炔气混合燃烧产生的高温火焰加热管壁，烧至钢材呈黄红色（1100~1150℃），然后喷射高压氧气，使高温的金属在纯氧中燃烧生成金属氧化物熔渣，又被高压氧气吹开，割断管子。

氧气-乙炔焰切割有手工氧气-乙炔焰切割和机械氧气-乙炔焰切割。

1. 手工氧气-乙炔焰切割

手工氧气-乙炔焰切割的装置有乙炔发生器或乙炔气瓶、氧气瓶、割炬和橡胶管。

氧气瓶是由合金钢或优质碳素钢制成的，容积为 38~40L。满瓶氧气的压力为 15MPa，必须经压力调节器降压使用。氧气瓶内的氧气不得全部用光，当压力降到 0.3~0.5MPa 时应停止使用。氧气瓶不可沾油脂，也不可放在烈日下暴晒，与乙炔发生器的距离要大于 5m，距离操作地点应大于 10m，防止发生安全事故。

乙炔发生器是利用电石和水发生反应产生乙炔气的装置。工地上用得较多的是钟罩式乙炔发生器和滴水式乙炔发生器。钟罩式乙炔发生器钟罩中装有电石的篮子沉入水中后，电石与水反应产生乙炔气，乙炔气聚集于罩内，当罩内压力与浮力之和等于钟罩总重量时，钟罩浮起，停止反应。滴水式乙炔发生器采取向电石滴水产生乙炔气，调节滴水量可控制乙炔气产气量。

为方便使用，也可设置集中式乙炔发生站，将乙炔气装入钢瓶，输送到各用气点使用。乙炔气瓶容积为 5~6L，工作压力为 0.03MPa，用碳素钢制成，使用时应竖直放置。割炬由割嘴、混合气管、射吸管、喷嘴、预热氧气阀、乙炔阀和切割气阀等构成。其作用是一方面产生高温氧气-乙炔焰，熔化金属，另一方面吹出高压氧气，吹落金属氧化物。

切割前，先在管子上画线，将管子放平稳，并除锈渣，管子下方应留有一定的空间；切割时，先调整割炬，待火焰呈亮红色后，再逐渐打开切割氧气阀，按照画线进行切割；切割完成后应快速关闭氧气阀，再关闭乙炔阀和预热氧气阀。

2. 机械氧气-乙炔焰切割机切割

固定式机械氧气-乙炔焰切割机由机架、割管传动机构、割枪架、承重小车和导轨等组成。工作原理是割枪架带动割枪做往复运动，传动机构带动被切割的管子旋转。固定式机械氧气-乙炔焰切割机全部操作不用画线，只须调整割枪位置，切割过程自动完成。

便携式氧气-乙炔焰切割机为一个四轮式刀架座，用两根链条紧固在被切割的管壁上。切割时摇动手轮，经过减速器减速后，刀架座绕管子移动，固定在架座上的割枪完成切割作业。

氧气-乙炔切割操作方便、适用灵活，效率高、成本低，适用于各种管径的钢管、低合金管、铅管和各种型钢的切割，一般不用于不锈钢管、高压管和铜管的切割，切割不锈钢管和耐热钢管可以采用氧溶剂切割机，不锈钢管也可用空气电弧切割机切割。

（三）大型机械切管机切割

大直径钢管除用氧气-乙炔切割外，还可以采用机械切割。切割坡口机由单相电动机、主体、传动齿轮装置、刀架等部分组成，能同时完成坡口加工和切割管径 75~600mm 的钢管。

二、管螺纹加工机具

由于管路连接中各种管件大都是内螺纹，所以管螺纹的加工主要是指管端外螺纹的加工。管螺纹加工要求螺纹端正、光滑、无毛刺、无断丝缺扣（允许不超过螺纹全长的高），螺纹松紧度适宜，以保证螺纹接口的严密性。管螺纹加工可采用人工绞板套丝或电动套丝机套丝。两种套丝装置机构基本相同，即绞板上装着板牙，用以切削管壁产生螺纹。

（一）人工套丝绞板

在绞板的板牙架上设有 4 个板牙滑轨，用于装置板牙；带有滑轨的活动标盘可调节板牙进退；绞板后均设有三卡爪，通过可调节卡爪手柄可以调整卡爪的进出，套丝时用以把绞板固定在不同管径的管子上。

（二）手工套丝

套丝前首先将管子端头的毛刺处理掉，管口要平直。将管子夹在压力钳上，加工端伸出钳口 150mm 左右，在管头套丝部分涂以润滑油；然后套上绞板，通过手柄定好中心位置，同时使板牙的切削牙齿对准管端，再使张开的板牙合拢，进行第一遍套丝。第一遍套好后，拧开板牙，取下绞板。将手柄转到第二个位置，使板牙合拢，进行第二遍套丝。

为了避免断丝、龟裂，保证螺纹标准、光滑，公称直径在 25mm 以下的小口径管道管螺纹套两遍为宜，公称直径在 25mm 以上的管螺纹套三遍为宜。

管螺纹的加工长度与被连接件的内螺纹长度有关。连接各种管件内螺纹一般为短螺纹(如连接三通、弯头、活接头、阀门等部件)。当采用长丝连接时(即用锁紧螺母组成的长丝),需要加工长螺纹。

(三) 电动机械套丝

电动套丝机一般能同时完成钢管切割和管螺纹加工，加工效率高，螺纹质量好，工人劳动强度低，因此得到广泛应用。电动套丝在结构上分为两大类：一类是刀头和板牙可以转动，管子卡住不动；另一类是刀头和板牙不动，管子旋转。施工现场多采用后者。

电动套丝机的主要基本部件包括机座、电动机、齿轮箱、切管刀具、卡具、传动机构等，有的还有油压系统、冷却系统等。

为了保证螺纹加工质量，在使用电动机械套丝机加工螺纹时要施以润滑油。有的电动机械套丝机设有乳化液加压泵，采用乳化液做冷却剂及润滑剂。为了处理钢管切割后留在管口内的飞刺，有些电动套丝机设有内管口铣头，当管子被切刀切下后，可用内管口铣头来处理这些飞刺。由于切削螺纹不允许高速运行，电动套丝机中需要设置齿轮箱，主要起减速作用。

(四) 管口螺纹的保护

管口螺纹加工后必须妥善保护。最好的方法是将管螺纹临时拧上一个管箍(也可采用塑料管箍),如果没有管箍可采用水泥袋纸临时包扎一下，这样可防止在工地短途运输中碰坏螺纹。如果在工地现场边套丝边安装，可不必采取管箍或水泥袋纸保护，但也要精心保护，避免磕碰。管螺纹加工后，若须放置，要在螺纹上涂些废机油，尔后再加以保护，以防生锈。

三、钢管冷弯常用机具

钢管冷弯法是指钢管不加热，在常温下进行弯曲加工。由于钢管在冷态下塑性有限，弯曲过程费力，所以冷煨弯适用于管径小于 175mm 的中小管径和较大弯曲半径($R\geqslant20$)的钢管。冷弯法有手工冷弯和机械冷弯，手工冷弯借助于弯管板或弯管器弯管；机械冷弯依靠外力驱动弯管机弯管。

(一) 手工冷弯法

1. 弯管板冷弯

冷弯最简便的方法是弯管板煨弯。弯管板可用厚度 30~40mm、宽 250~300mm、长

150mm 左右的硬质木板制成。板上按照需煨弯的管子外径开圆孔，煨弯时，将管子插入孔中，加上套管，作为杠杆，以人工施力压弯。这种方法适用于煨制管径较小和弯曲角不大的弯管，如连接散热器的支管来回弯。

2. 滚轮弯管器

滚轮弯管器是由固定滚轮、活动滚轮、管子夹持器及杠杆组成。弯管时，将要弯曲的管子插入两滚轮之间，一端由夹扶器固定，然后转动杠杆，则使活动轮带动管子绕固定轮转动，管子被拉弯，达到需要的弯曲角度后停止转动杠杆。这种弯管器的缺点是每种滚轮只能弯曲一种管径的管子，需要准备多套滚轮，且使用时笨重，费体力，只能弯曲管径小于 25mm 的管子。

3. 小型液压弯管机弯管

小型液压弯管机以两个固定的导轮作为支点，两导轮中间有一个弧形顶胎，顶胎通过顶棒与液压机连接。弯管时，将要弯曲的管段放入导轮和顶胎之间，采用手动油泵向液压机打压，液压机推动顶棒使管子受力弯曲。小型液压弯管机弯管范围为管径 15~40mm，适合施工现场安装采用。当以电动活塞泵代替人力驱动时，弯管管径可达 125mm。

（二）机械冷弯法

钢管煨弯采用手工冷弯法工效较低，既费体力又难以保证质量，所以对管径大于 25mm 的钢管一般采用机械弯管机。机械弯管的弯管原理有固定导轮弯管和转动导轮弯管。固定导轮弯管是导轮位置不变，管子套入夹圈内，由导轮和压紧导轮夹紧，随管子向前移动，导轮沿固定圆心转动，管子被弯曲。转动导轮弯管在弯曲过程中，导轮一边转动，一边向下移动。机械弯管机有无芯冷弯弯管机和有芯弯管机，按驱动方式，分为有电动机驱动的电动弯管机和上述液压泵驱动的液压弯管机等。

四、管子连接常用机具

分段的管子要经过连接才能形成系统，完成介质的输送任务，钢管的主要连接方法有螺纹连接、法兰连接、焊接等，此外，还有适用于铸铁管或塑料管的承插连接、热熔连接、黏结、挤压头连接等。

（一）钢管螺纹连接

钢管螺纹连接是将管段端部加工的外螺纹与管子配件或设备接口上的内螺纹拧在一起。一般管径在 100mm 以下，尤其是管径为 15~40mm 的小管子大都采用螺纹连接。

（二）螺纹连接常用工具及填料

1. 管钳

管钳是螺纹接口拧紧常用的工具。管钳有张开式和链条式。管钳的规格是以钳头张口中心到手柄尾端的长度来标称的，此长度代表转动力臂的大小。安装不同管径的管子应选用对应号数的管钳。若用大号管钳拧紧小管径的管子，虽因手柄长省力，容易拧紧，但也容易因用力过大拧得过紧而胀破管件；大直径的管子用小号管钳子，费力且不容易拧紧，而且易损坏管钳。不允许用管子套在管钳手柄上加大力臂，以免把钳颈拉断或钳颚被破坏。

链条式管钳又称链钳，是借助链条把管子箍紧而回转管子。它主要应用于大管径，或因场地限制，张开式钳管手柄旋转不开的场合。例如，在地沟中操作、空中作业及管子离墙面较近的场合。

2. 填充材料

为了增加管子螺纹接口的严密性和维修时不致因螺纹锈蚀不易拆卸，螺纹处一般要加填充材料。填料既要能充填空隙又要能防腐蚀。热水采暖系统或冷水管道常用的螺纹连接填料有聚四氟乙烯胶带或麻丝沾白铅油（铅丹粉拌干性油）。介质温度超过 115℃ 的管路接口可沾黑铅油（石墨粉拌干性油）和石棉油。氧气管路用黄丹粉拌甘油（甘油有防火性能）；氨管路用氧化铝粉拌甘油。应注意的是，若管子螺纹套得过松，只能切去丝头重新套丝，而不能采取多加填充材料来防止渗漏，以保证接口长久严密。

第四节　通风空调工程加工方法和机具

金属风管及配件的加工工艺基本上可分为画线、剪切、折方和卷圆、连接（咬口、铆接、焊接）、法兰制作等工序。

一、画线

按风管规格尺寸及图纸要求把风管的外表面展开成平面，即在平板上依据实际尺寸画出展开图，这个过程称为展开画线，俗称放样。画线的正确与否直接关系到风管尺寸大小和制作质量，所以画线时要角直、线平、等分准确；剪切线、倒角线、折方线、翻边线、留孔线、咬口线要画齐、画全；要合理安排用料，节约板材，经常校验尺寸，确保下料尺寸准确。

二、剪切

板材的剪切就是将板材按画线形状进行裁剪的过程。剪切可根据施工条件用手工剪切或机械剪切。

（一）手工剪切

手工剪切最常用的工具为手剪。手剪分为直线剪和弯剪。直线剪适用于剪切直线和曲线外圆；弯剪适用于剪切曲线的内圆。手剪的剪切板材厚度一般不超过1.2mm。

（二）机械剪切

机械剪切常用的工具有龙门剪板机、双轮直线剪板机、振动式曲线剪板机、联合冲剪机等。龙门剪板机适用于剪切板材的直线割口。选择龙门剪板机时，应选用能够剪切长度为2000mm、厚度为4mm的板材。双轮直线剪板机适用于剪切厚度不大于2mm的直线和曲率不大的曲线板材。振动式曲线剪板机适用厚度不大于2mm板材的曲线剪切，剪切时，可不必预先錾出小孔，就能直接在板材中间剪出内孔。曲线剪板机也能剪切直线，但效率较低。联合冲剪机既能冲孔又能剪切。它可切断角钢、槽钢、圆钢及钢板等，也可冲孔、开三角凹槽等，适用的范围比较广泛。

板材剪切必须按画线形状进行裁剪；留足接口的余量（如咬口、翻边余量）；做到切口整齐，直线平直，曲线圆滑，倒角准确。

三、折方和卷圆

折方用于矩形风管的直角成形。手工折方时，先将厚度小于1.0mm的钢板放在工作台上，使画好的折方线与槽钢边对齐，将板材打成直角，然后用硬木方尺进行修整，打出棱角，使表面平整。

卷圆用于制作圆形风管时的板材卷圆。手工卷圆一般只能卷厚度在1.0mm以内的钢板。机械卷圆则使用卷圆机进行。

四、连接

金属板材的连接方式有咬口连接、铆钉连接和焊接。

（一）咬口连接

咬口连接是将要相互接合的两个板边折成能相互咬合的各种钩形，钩接后压紧折边。

这种连接适用于厚度 $\delta\leqslant1.2$mm 的普通薄钢板和镀锌薄钢板、厚度 $\delta\leqslant1.0$mm 的不锈钢板及厚度 $\delta\leqslant1.5$mm 的铝板。

咬口的加工主要是折边（打咬口）和咬口压实。折边应宽度一致、平直均匀，以保证咬口缝的严密及牢固；咬口压实时不能出现含半咬口和张裂等现象。

加工咬口可用手工或机械来完成。

1. 手工咬口

木方尺（拍板）用硬木制成，用来拍打咬口。硬质木钟用来打紧打实咬口。钢制方钟用来制作圆风管的单立咬口和咬口修正矩形风管的角咬口。工作台上固定有槽钢、角钢或方钢，用来为拍制咬口的垫铁；做圆风管时，用钢管固定在工作台上作垫铁。

2. 机械咬口

常用的咬口机械有手动或电动扳边机、矩形风管直管和弯头咬口机、圆形弯头咬口机、圆形弯头合缝机、咬口压实机等。国内生产的各种咬口机，系列比较齐全，能满足施工需要。

咬口机一般适用于厚度为 1.2mm 以内的折边咬口。如直边多轮咬口机，它是由电动机经皮带轮和齿轮减速，带动固定在机身上的槽形不同的滚轮转动，使板边的变形由浅到深，循序渐变，被加工成所需咬口形式。

机械咬口，操作简便，成形平整光滑，生产效率高，无噪声，劳动强度小。

（二）铆钉连接

铆钉连接简称铆接，它是将两块要连接的板材板边相重叠，并用铆钉穿连铆合在一起的方法。

在通风空调工程中，一般由于板材较厚而无法进行咬接或板材虽不厚但材质较脆不能咬接时才采用铆接。随着焊接技术的发展，板材间的铆接已逐渐被焊接取代。但在设计要求采用铆接或镀锌钢板厚度超过咬口机械的加工性能时，仍须使用铆接。

板材铆接时，要求铆钉直径 d 为板材厚度 δ 的两倍，但不得小于 3mm，即 $d=2\delta$ 且 $d\geqslant3$mm；铆钉长度 $L=2d+(1.5\sim2.0)\,d$mm；铆钉之间的中心距一般为 40~100mm；铆钉孔中心到板边的距离应保证为（3~4）$d$mm。

在通风空调工程中，铆接除了个别地方用于板与板之间连接外，还大量用于风管与法兰的连接。

铆接可采用手工铆接和机械铆接。

1. 手工铆接

手工铆接主要工序有画线定位、钻孔穿铆钉、垫铁打尾、罩模打尾成半圆形铆钉帽。

这种方法工序较多，工效低，且捶打噪声大。

2. 机械铆接

在通风空调工程中，常用的铆接机械有手提电动液压铆接机、电动拉铆枪及手动拉铆枪等。机械铆接穿孔、铆接一次完成，工效高，省力，操作简便，噪声小。

（三）焊接

因通风空调风管密封要求较高或板材较厚不能用咬口连接时，板材的连接常采用焊接。

常用的焊接方法有电焊、气焊、锡焊及氩弧焊。

1. 电焊

电焊适用于厚度大于 1.2mm 钢板间连接和厚度大于 1mm 不锈钢板间连接。板材对接焊时，应留有 0.5~1mm 对接缝；搭接焊时，应有 10mm 左右搭接量。不锈钢焊接时，焊条的材质应与母材相同，并应防止焊渣飞溅玷污表面，焊后应进行清渣。

2. 气焊

气焊适用于厚度为 0.8~3mm 薄钢板间连接和厚度大于 1.5mm 铝板间连接。气焊不得用于不锈钢板的连接，因为气焊过程中在金属内发生增碳和氧化作用，使焊缝处的耐腐蚀性能降低。气焊不适宜厚度小于 0.8mm 钢板焊接，以防板材变形过大。对于厚度为 0.8~3mm 钢板气焊，应先分点焊，然后再沿焊缝全长连续焊接。铝板焊接时，焊条材质应与母材相同，且应清除焊口处和焊丝上的氧化皮及污物，焊后应用热水去除焊缝表面的焊渣、焊药等。

3. 锡焊

锡焊一般仅适用于厚度小于 1.2mm 薄钢板连接。因焊接强度低，耐温低，一般用锡焊做镀锌钢板咬口连接的密封用。

4. 氩弧焊

氩弧焊常用于厚度大于 1mm 不锈钢板间连接和厚度大于 1.5mm 铝板间连接。氩弧焊，因加热集中，热影响区域小，且有氩气保护焊缝金属，故焊缝有很高的强度和耐腐蚀性能。

第五节 水暖工程器具及设备

一、给水系统增压设备

给水系统增压设备有水泵、高位水箱、气压装置及变频调速供水设备等。

（一）水泵

水泵是提升水量的机械设备，种类多，在给排水工程中使用最广的是离心水泵。水泵常设在建筑的底层或地下室内，这样可以减小建筑载荷、振动和噪声，也便于水泵吸水。水泵的吸水方式有两种：一种是直接由配水管上吸水，适用于配水管供水量较大，水泵吸水时不影响管网的工作场所；另一种是由配水管上直接抽水，这种方法简便、经济、安全可靠。如不允许直接抽水时，可建造贮水池，池中贮备所需的水量，水泵从池中抽水加压后，送入供水管网，供建筑各部分用水。贮水池中存储生活用水和消防用水，供水可靠，对配水管网无影响，是一般常用的供水方法。

（二）水箱

水箱水面通向大气，且高度不超过 2. 5m，箱壁承受压力不大，材料可用金属（如钢板）焊制，但须做防腐处理。有条件时可用不锈钢、铜及铝板焊制；非金属材料用塑料、玻璃钢及钢筋混凝土等，较耐腐蚀。水箱有圆形、方形和矩形，也可根据需要选用其他形状。圆形水箱结构合理，造价低，但占地较大，不方便；方矩、矩形较好，但结构复杂，耗材料多，造价较高。目前常用玻璃钢制球形水箱。水箱应装设下列管道和设备：

1. 进水管

由水箱侧壁或顶部等处接入。当利用配水管网压力进水时，进水管出口装设浮球阀或液压控制阀两个，阀前应装有检修阀门；若水箱由水泵供水时，应利用水位升降控制水泵运行。

2. 出水管

由箱侧或底部接出，位置应高出箱底 50mm，保证出水水质良好。若生活与消防合用水箱时，必须确保消防贮备水量不做他用的技术措施。

3. 溢流管

防止箱水满溢用，可由箱侧或箱底接出，管径宜较进水管大 1~2 号，但在水箱底下

1m后，可缩减至与进水管径相同。溢水管上不得装设阀门，下端不准直接接入下水管，必须间接排放，排放设备的出口应有滤网、水封等设备，以防昆虫、灰尘进入水箱。

4. 泄水管

泄空或洗刷水箱排污用，由底部最低处接出，管上装有闸阀，可与溢流管相连，管径一般不小于50mm。

5. 通气管

水箱接连大气的管道，通气管接在水箱盖上，管口下弯并设有滤网，管径不小于50mm。

6. 其他设备

如指示箱内水位的水位计、有维修的检修孔及信号管等。

（三）气压给水装置

气压装置是一种局部升压和调节水量的给水设备，该设备是用水泵将水压入密闭的罐体内，压缩罐内空气，用水时，罐内空气再将存水压入管网，供各用水点用水。其功能与水塔或高位水箱基本相似，罐的送水压力是压缩空气而不是位置高度，因此只要变更罐内空气压力即可。气压装置可设置在任何位置，如室内外、地下、地上或楼层中，应用较灵活、方便，具有建设快、投资省、供水水质好、消除水锤作用等优点。但罐容量小，调节水量小，罐内水压变化大，水泵启闭频繁，故耗电能多。

气压装置的类型很多，有立式、卧式、水气接触式及隔离式；按压力是否稳定，可分为变压式和定压式，变压式是最基本形式。

1. 变压式

罐内充满着压缩空气和水，水被压缩空气送往给水管中，随着不断用水，罐内水量减少，空气膨胀，压力降低，当降到最小设计压力时，压力继电器起动水泵，向给水管及水箱供水，再次压缩箱内空气，压力上升；当压力升到最大工作压力时，水泵停泵。

运行一段时间后，罐内空气量减少，须用补气设备进行补充，以利运行。补气可用空压机或自动补气装置。变压式为最常用的给水装置，广泛应用于对用水压力无严格要求的建筑物中。

由于上述气压装置是水气合于一箱，空气容易被水带出，存气逐渐减少，因而需要时常补气，为此可以采用水气隔离设备，如装设弹性隔膜、气囊等，气量保持不变，可免除补气的麻烦，这种装置称隔膜式或囊式气压装置。

2. 定压式

在用水压力要求稳定的给水系统中，可采用定压的装置，可在变压式装置的供水管设置安全阀，使压力调到用水要求压力或在双罐气压装置的空气连通管上设调压阀，保持要求的压力，使管网处于定压下运行。

（四）变频调速给水系统

水泵的动力机多用交流异步电动机，其转速为定值，如2900r/min、1450r/min、980r/min等，水泵在定速下有一定的水量高效区，但用水量是变化的，水泵难以长期在高效区内运行，尤其是用水量低时，常用关小出水阀门来减小水量，浪费很多电能；也有的用多台水泵，根据用水量的大小，开动水泵的台数来调整用水量的变化；或设置屋顶水箱进行水量和压力调节，保证正常供水。这些措施设备较复杂，占地面积大，运行管理技术要求高，应采用自动化控制运行。

由水泵的性能可知，改变电机的转速，可以改变水泵出水流量和压力的特性关系。电机转速的改变，通过改变电源频率较为方便，这种调节频率的设备称为变频器。利用变频器及时调整水泵运行速度来满足用水量的变化，并达到节能的目的，该设备称为变频调速供水设备。

水泵起动后向管网供水，由于用水量的增加，管网压力降低，由传感器将压力或流量的变化改为电信号输给控制器，经比较、计算和处理后，指令变频器增大电源频率，并输入电机，提高水泵的转速，使供水量增大，如此直到最大供水量；高峰用水后，水量减小，也通过降低电源频率，降低供水量，以适应用水量变化的需要，从而达到节电的目的。但变频也是有限度的，变化太大也会使水泵低效运行，为此可设置小型水泵或小型气压罐，这样备用水量小或夜间使用，可节约更多的电能。

二、排水系统卫生器具

排水系统卫生器具按其功能分为下列几类：

①排泄污水、污物的卫生器具有大便器、小便器、倒便器、漱口盆等；②盥洗、沐浴用卫生器具有洗脸盆、净身器、洗脚盆（槽）、盥洗槽、浴盆、淋浴器等；③洗涤用卫生器具有洗涤盆、污水盆等；④其他专用卫生器具有化验盆、水疗设备、伤残人员专用卫生器具等。

（一）排泄污水、污物的卫生器具

1. 大便器

我国常用的大便器有坐式、蹲式和大便槽三种。

（1）坐式大便器

有冲洗式和虹吸式两种，其构造本身包括存水弯。

（2）蹲式大便器

蹲式大便器常安装在公共厕所或卫生间内。大便器须装设在台阶中，其下面和存水弯连接。

2. 大便槽

大便槽是个狭长开口的槽，多用水磨石或瓷砖建造。使用大便槽卫生条件较差，但设备简单，造价低。我国目前常用于一般公共建筑（学校、工厂、车站等）或城镇公共厕所。大便槽的宽度一般为 200~250mm，底宽 150mm，起端深度 350~400mm，槽底坡度不小于 0.015，槽的末端应设有不小于 150mm 的存水弯接入排水管。

3. 小便器

小便器有挂式、立式和小便槽三种。

挂式小便器悬挂在墙上。它可以采用自动冲洗水箱，也可采用冲洗阀，每只小便器均设存水弯。

立式小便器装置在标准较高的公共建筑内，如展览馆、大剧院、宾馆等男厕所内，多为两个以上成组安装。其冲洗设备常用自动冲洗水箱。

小便槽建造简单，造价低，能同时容纳较多的人员使用，故广泛应用于公共建筑、工厂、学校和集体宿舍的男厕所中。小便槽宽 300~400mm，起端槽深不小于 100mm，槽底坡度不小于 0.01。小便槽可用普通阀门控制多孔管冲洗或用自动冲洗水箱定时冲洗。

（二）盥洗、沐浴用卫生器具

1. 洗脸盆

洗脸盆常装在卫生间、盥洗室和浴室中。洗脸盆有长方形、椭圆形和三角形等形式。安装时可采用墙架式、柱脚式或台式，排水管上应装存水弯。

2. 盥洗槽

盥洗槽一般有长条形（单面或双面）和圆形，常用钢筋混凝土或水磨石建造，槽宽

500~600mm，槽沿离地面800mm，水龙头布置在离槽沿200mm高处。

3. 浴盆

浴盆设在住宅、宾馆、医院等卫生间及公共浴室内，有长方形和方形两种。其可用搪瓷、生铁、玻璃钢等材料制成。

4. 淋浴器

淋浴器与浴盆比较，具有占地面积小、造价低和卫生等优点，故广泛应用在集体宿舍、体育馆场、公共浴室中。

5. 净身器

专供妇女洗濯下身之用，一般设在妇产科医院、工厂女卫生间及设备完善的住宅和宾馆卫生间内。

（三）洗涤用卫生器具

1. 洗涤盆

洗涤盆设在住宅厨房及公共食堂厨房内，一般用钢筋混凝土、水磨石制成。

2. 污水盆

污水盆设在公共厕所和盥洗室中，供打扫厕所、洗涤拖布、倾倒污水之用。

（四）专用卫生器具

1. 饮水器

在火车站、剧院、体育馆等公共场所常装设饮水器。

2. 地漏

地漏用来排出地面积水，一般卫生间、厨房、浴室、洗衣房、男厕所等地应设置地漏。

三、热水系统加热设备

（一）直接加热

直接加热是利用燃料直接烧锅炉将水加热或利用清洁的热媒（如蒸汽与被加热水混合）加热水，具有加热方法直接简便、热效率高的特点。但要设置热水锅炉或其他水加热器，占有一定的建筑面积，有条件时宜用自动控制水的加热设备。

（二）间接加热

间接加热是被加热水不与热媒直接接触，而是通过加热器中的传热面的传热作用来加热水，如用蒸汽或热网水等来加热水，热媒放热后，温度降低，仍可回流到原锅炉房复用，因此热媒不需要大量补充水，既可节省用水，又可保护锅炉不生水垢，提高热效能。

（三）常用加热器

1. 热水锅炉

热水锅炉有多种形式，有卧式、立式等，燃料有烧煤、油及燃气等，如有需要，可查有关锅炉设备手册。近年来生产的一种新型燃油或燃气的热水锅炉，采用三回程的火道，可充分利用热能，热效率很高，结构紧凑，占地小，炉内压力低，运行安全可靠，供应热水量较大，环境污染小，是一种较好的直接加热的热水锅炉。

2. 汽水混合加热器

将清洁的蒸汽通过喷射器喷入贮水箱的冷水中，使水汽充分混合而加热水，蒸汽在水中凝结成热水，热效率高，设备简单、紧凑，造价较低，但喷射器有噪声，须设法隔除。

3. 家用型热水器

在无集中热水供应系统的居住建筑中，可以设置家用热水器来供应洗沐热水。现市售的有燃气热水器及电力热水器等，燃气热水器已广泛应用，唯在通气不足的情况下，容易发生使用者中毒或窒息的危险，因此禁止将其装设在浴室、卫生间等处，必须设置在通风良好的处所。

4. 太阳能热水器

太阳能是个巨大、清洁、安全、普遍、可再生的能源。利用太阳能加热水是一种简单、经济的方法，常用的有管板式、真空管式等加热器，其中以真空管式效果最佳。真空管是两层玻璃抽成真空，管内涂选择性吸热层，有集热效高、热损失小、不受太阳位置影响、集热时间长等优点。但太阳能是一种低密度、间歇性能源，辐射能随昼夜、气象、季节和地区而变，因此在寒冷季节，尚须备有其他热水设备，以保证终年均有热水供应。我国广大地区太阳能资源丰富，尤以西北部、青藏高原、华北及内蒙古地区最为丰富，可作为太阳灶、热水器、热水暖房等热能利用。

5. 容积式热水加热器

容积式加热器内贮存一定量的热水量，用以供应和调节热水用量的变化，使供水均匀稳定，它具有加热器和热水箱的双重作用。器内装有一组加热盘管，热媒由封头上部通入盘管内，冷水由器下进入，经热交换后，被加热水由器上部流出，热媒散热后凝水由封头下部流回锅炉房。容积式加热器供水安全可靠，但有热效率低、体积大、占地面积大的缺点。

近年来经过改进，在器内增设导流板，加装循环设备，提高了热交换效能，较传统的同型加热器的热效提高近两倍。热媒可用热网水或蒸汽，节能、节电、节水效果显著，已列入国家专利产品。

6. 半容积式加热器

这种半容积式加热器是近年来生产的一种新型加热器，其构造的主要特点是将一组快速加热设备安装于热水罐内，由于加热面积大，水流速度较容积式加热器的流速大，提高了传热效果，增大了热水产量，因而减小了容积。半容积式加热器体积缩小，节省占地面积，运行维护工作方便，安全可靠。经使用后，效果比原标准容积式加热器的效能大大提高，是一种较好的热水加热设备。

7. 快速热水器

这种加热器也称为快速式加热器，即热即用，没有贮存热水容积，体积小，加热面积较大，被加热水的流速较容积式加热器的流速大，提高了传热效率，因而加快热水产量。此种加热器适用于热水用水量大而均匀的建筑物。由于利用不同的热媒，可分为以热水为热媒的水-水快速加热器及以蒸汽为热媒的汽-水快速加热器。加热器由不同的筒壳组成，筒内装设一组加热小管，管内通入被加热水，管筒间通过热媒，两种流体逆向流动，水流速度较高，提高热交换效率，加速热水。可根据热水用量及使用情况，选用不同型号及组合节筒数，满足热水用量要求。

还可利用蒸汽为热媒的汽-水快速加热器，器内装设多根小径传热管，管两端镶入管板上，器的始末端装有小室，起端小室分上下部分，冷水由始端小室下部进入器内，通过小管时被加热，至末端再转入上部小管继续加热，被加热水由始端小室上部流出，供应使用。蒸汽由器上部进入，与器内小管中流行的冷水进行热交换，蒸汽散热成为凝结水，由器下部排出。其作用原理与水-水快速加热器基本相同，也适用于用水较均匀且有蒸汽供应的大型用水户，如用于公共建筑、饭店、工业企业等。

8. 半即热式热水加热器

此种加热器也属于有限量贮水的加热器，其贮水量很小，加热面大、热水效高、体积极小。它由有上下盖的加热水筒壳，热媒管及回水管多组加热盘管和极精密的温度控制器等组成。冷水由筒底部进入，被盘管加热后，从筒上部流入热水管网供应热水，热媒蒸汽放热后，凝结水由回水管流回锅炉房。热水温度以独特的精密温度控制器来调节，保证出水温度要求。盘管为薄壁铜管制成，且为悬臂浮动装置。由于器内冷热水温度变化，盘管随之伸缩，扰动水流，提高换热效率，还能使管外积垢脱落，沉积于器底，可在加热器排污时除去。此种半即热式加热器，热效率高，体形紧凑，占地面积很小，是一种较好的加热设备。适用于热水用量大而较均匀的建筑物，如宾馆、医院、饭店、工厂、船艇及大型的民用建筑等。

四、供暖系统散热设备

常用的散热器主要有铸铁散热器和钢制散热器。

（一）铸铁散热器

铸铁散热器有翼型和柱型之分。翼型散热器又有圆翼型和长翼型之分。按管子的内径规格有 D50、D75 两种，所带肋片数目分别为 27 片和 47 片，管长为 1m，两端有法兰，可以串联相接。

（二）柱型散热器

柱型散热器是呈柱状的单片散热器，外表光滑，无肋片，每片各有几个中空的立柱相互连通。在散热片顶部和底部各有一对带丝扣的穿孔供热媒进出，并可借正反螺钉把若干单片组合在一起，形成一组。

柱型散热器与翼型散热器相比，具有传热性能好、外形美观、表面光滑、易于清洗等优点，在居住等民用建筑和公共建筑中应用广泛。但缺点是制造工艺较为复杂，造价较高。

（三）钢制散热器

目前我国生产的钢制散热器有闭式钢串片散热器、钢制柱式散热器、板散热器和扁管散热器等。闭式钢串片散热器由钢管、肋片、联箱、放气阀和管接头组成。闭式钢串片散热器的优点是体积小，重量轻，承压高，占地小；缺点是阻力大，不易清除灰尘。钢制柱式散热器是用钢板压制成单片，然后焊接而成。

板式散热器由面板、背板、对流片和水管接头及支架等部件组成。板式散热器外形美观，散热效果好，且节省材料，占地面积小，只是承压能力较低。

钢制散热器与铸铁散热器相比，具有金属耗量少，耐压强度高，外形美观整洁，体积小，占地少，易于布置等优点，当前多用于高层建筑和高温水供暖系统中。但由于钢制散热器存在易受腐蚀、使用寿命短的缺点，因而不能用于蒸汽供暖系统中，也不宜用于湿度较大的供暖房间内。

除了上述钢及铸铁制散热器外，还有铜铝复合、柱翼型、钢柱等其他材料所制的散热器。在设计供暖系统时，应根据散热器的热工、经济、使用和美观各方面的条件，以及供暖房间的用途、安装条件、当地产品来源等因素来选用散热器。

第四章 暖通空调工程水系统施工安装

第一节 水系统管道安装基本要求

在暖通空调工程中，水系统的功能是输配冷热能量，满足末端装置或设备的要求。

一、套管制作安装

当水管在穿越基础、楼板和墙体时应加套管，套管的作用是确保水管在使用过程中能够自由伸缩，以满足管道热胀冷缩的需求，避免对建筑物造成损坏。套管的预埋工作应配合土建施工进行。

（一）套管类型

常用套管可分为防水套管和一般填料套管。防水套管按结构形式分为柔性防水套管、刚性防水套管和刚性防水翼环三种类型。施工质量验收规范中规定：地下室或地下构筑物外墙有管道穿过的应采取防水措施，对于有严格防水要求的建筑物必须采用柔性防水套管。

柔性防水套管适用于有地震设防要求的地区，管道穿墙处承受振动和管道伸缩变形，或有严格防水要求的建筑物。施工安装时，应采用预埋套管法施工，严禁采用安装时再打洞、凿孔的方法。管道穿墙处如遇非混凝土墙时，应局部改用混凝土墙，其浇筑范围比翼环直径大 200mm，穿管处混凝土墙厚应不小于 300mm，否则应使墙的一侧加厚或两边加厚，加厚部分直径至少为比翼环直径大 200mm。

刚性防水翼环适用于管道穿墙处不承受振动和管道伸缩变形的建筑物，适用于管道穿墙处空间有限或管道安装先于建筑物或管道的更新改造。对于有地震设防要求的地区，如果采用刚性防水翼环，管道上也应设置柔性连接。

管道穿越楼板和墙壁时，应设置钢制一般填料套管或阻燃型 PVC 套管。

（二）套管制作与安装要求

防水套管的尺寸要求可参考国家建筑标准设计图集，一般填料套管的管径应比所穿管道大1~2号。穿过楼板的套管，套管顶部应高出装饰面20mm，套管底部应与楼板底面相平。安装在卫生间及厨房内的套管，其顶部则要求高出装饰地面50mm。安装在墙壁内的套管其两端与饰面相平。钢制套管下料后，套管内应刷防锈漆一道。穿过楼板的套管与管道之间缝隙应用阻燃密实材料和防水油膏填实且端面光滑。

安装的套管应与对应的管道同心，保证套管与管道之间的缝隙距离一致且管道接口不得设在套管内。

二、水管支、吊架安装

目前在暖通空调工程施工中，仅有少部分管道支架由设计决定，其余大多数支架需要由施工人员根据施工现场的实际情况，依据施工经验和施工验收规定自行确定。

（一）水管支、吊架的设置要求

（1）管道不允许有任何位移的部位，要设置固定支架，固定支架必须牢固地固定在可靠的结构上。

（2）在管道无垂直位移或垂直位移很小的地方，可装设活动支架。活动支架的形式，要根据对管道摩擦的不同程度来选择，对摩擦产生的作用力无严格限制时可采用滑动支架；当要求减少管道轴向摩擦作用力时，采用滚动支架。

（3）在水平管道上，只允许在管道单向水平位移的部位或在阀件两侧、补偿器两侧适当距离的部位，宜设置导向支架。

（4）在管道具有垂直位移的地方，应装设弹簧吊架或弹簧支座；在同时具有水平位移时，应采用滚珠弹簧支架。弹簧吊架适用于伸缩性和振动性较大的管道。

（5）在主立管的下端应设置弯管支座。

（6）一般情况下，管卡用于管径不大于50mm的立支管固定，钉钩用于管径不大于25mm管道的固定。

（7）竖井里的立管，每隔2~3层应设导向支架。

（二）支、吊架的间距确定

1. 水平管道支架位置的确定

水平管道支架位置应根据设计要求，先确定固定支架和补偿器的位置，尔后确定活动支架的位置。水平管道活动支架位置的确定，一般应遵循“墙不做架、托稳转角、中间等分、不超最大”的定位原则。“墙不做架”是指管道穿越墙体时，不能用墙体作为管道的活动支架，而应从墙表面各向外量取1m，作为管道过墙前后的第一个活动支架位置。“托稳转角”就是指在管道的转角处（包括弯头、伸缩器的弯管等）应加强对管道的支撑，一般应在管道产生转角的墙角处，从墙面向外量取1m，分别安装活动支架。“中间等分、不超最大”是指管道在穿墙、转角等处的活动支架定位后，剩余的管道直线长度上，按照活动支架不能超过规定的最大间距值原则，将管道长度均匀分配，使中间活动支架的间距相等，以满足支架受力均匀和布置美观的要求。实际工程施工中，应首先确定有特殊要求的支架位置和标高，然后再按顺序依次将特定位置支架之间的支架进行排列定位。排列定位时，应根据管道直径、管材种类、管内介质性质、系统是否保温等因素确定活动支架的最大间距，然后由最大间距、管道长度推算出活动支架数量以及活动支架安装位置。

2. 立管支架位置的确定

采暖与空调水系统的金属管道立管支架安装要求是：当楼层高度小于或等于5m，每层必须安装1个；楼层高度大于5m，每层不得少于2个；立管管卡安装高度距地面应为1.5~1.8m，2个以上管卡应匀称安装，同一房间管卡应安装在同一高度上。

（三）支、吊架的安装高度

支、吊架标高要正确。对有坡度的管道，支吊架的标高应满足管道坡度的需求。往往施工图中只给出管道一端的中心标高，而管道另一端的标高需要根据管段的长度、坡度和坡向，计算出管道两端点的标高差，从而来确定管道另一端的标高。然后分别在两端管中心的下方，量取管中心至支架横梁上表面的距离，标定在墙上，并以此两点为端点在墙上画直线，则该直线即为管道支架横梁的上表面线。

（四）支、吊架安装有关规定

在暖通空调工程中，广泛使用的是滑动支架和悬吊支架。支、吊架安装有关规定如下：

（1）无热伸长管道的吊架，吊杆应垂直安装；有热伸长管的吊杆，应向热膨胀的反方向偏移。

（2）管道上的阀门，应设有专用的阀门支架，不得以管道承重。

（3）用于动力设备的悬置隔振及管道隔振安装的吊架宜采用弹簧吊架或橡胶弹性吊架。

（4）冷冻水、冷却水系统管道机房内总管、干管的支、吊架应采用承重防晃管架。当水平支管的管架采用单杆吊架时，应在管道起始点、阀门、三通、弯头及长度每隔 15m 设置承重防晃支、吊管架。

（5）空调冷热水管道与支、吊架之间，为了防止出现冷桥，应有绝热衬垫。绝热衬垫应为承压强度能满足管道质量的不燃、难燃硬质绝热材料或经防腐处理的木衬垫，衬垫厚度不应小于绝热层的厚度，衬垫宽度应大于支、吊架支承面的宽度。

（6）对于采用硬聚氯乙烯（PVC-U）、聚丙烯（PP-R）、交联聚乙烯（PE-X）等非金属管道时，管道与金属支架之间应有隔绝措施。常见做法是在管道与支架间加衬非金属垫或套管。

（五）支、吊架安装施工的质量要求

管道支、吊架的安装，应符合下列要求：

（1）位置正确，对有坡度的管道，支架的标高应满足管道坡度的需求。

（2）支、吊架安装要平整牢固。

（3）导向支架和滑动支架的滑动面纵向移动量应符合设计要求。

（4）无热伸长管道的吊架、吊杆应垂直安装，有热伸长的管道吊架、吊杆应向热膨胀的反方向偏移。

（5）固定支架应严格按照设计要求安装，并在补偿器与拉伸前固定。

（6）固定在建筑结构上的管道支、吊架不得影响结构的安全。

（7）弹簧支架的高度应按照设计要求调整，并做记录，弹簧的临时固定件，应待系统安装、试压、绝热完毕后方可拆除。

（8）支、吊架上不允许有管道焊缝、管件及可拆卸件。

（9）管道安装过程中，尽量不使用临时支、吊架。如必须使用时也应有明显的标记，并不得与正式的支、吊架位置冲突。待管道系统安装完毕，应立即拆除。

三、管道的安装

（一）管道安装的一般原则

（1）管道相遇避让原则。布置室内管道时，应对采暖管道、给排水管道、消防管道、空调通风管道、电缆等所有管道进行全盘规划。管道安装的过程中必须认真核对施工图纸，特别是管道之间是否存在“打架”的现象。一般出现多种管道相遇时的原则为：分支管路让主干管路，小口径管路让大口径管路，常温管路让高温或低温管路，有压管路让无

压管路，低压管路让高压管路，特殊情况特殊处理。

(2) 沿建筑物敷设的管道应考虑不挡门、窗。室外埋地管道的埋深受地面荷载和冻土深度的影响，其管顶覆土厚度不宜小于0.7m，敷设深度应在冷冻线200mm以下。

(3) 管道间距应按设计要求，设计未规定时可按下列要求确定。带法兰不保温管道的管间距，应按其凸出部分净空不小于50mm；不带法兰不保温、不带法兰保温、不带法兰保冷管道的管间距，按其凸出部分（包括保温、保冷层）之间的净空不小于80mm；管子的最凸出部分（包括管件、阀件、其他附件、保温及保冷层等）与墙壁、柱边的距离均不应小于100mm。

(4) 管道的伸缩补偿一般应优先考虑采用自然补偿。管路分流和合流处可采用羊角弯。羊角弯是指煨两个75°左右弯头，在连接处锯出坡口，主管锯成鸭嘴形，拼好后焊在一起。这些做法不仅能够稳定各分路的流量，有助于各分路的水量汇合，而且可以利用管道自然弯曲吸收管道的热变形，属于自然补偿器。

(5) 管路排列一般应遵守的原则。对于水平横管排列：气体管路排列在上，液体管路排列在下；热介质管路排列在上，冷介质的管路排列在下；高压介质的管路排列在上，低压介质的管路排列在下；金属管路排列在上，非金属管路排列在下；小管径管路应尽量支撑在大管径管路上方，或吊挂在大管路下面。对于垂直立管排列：大管径管路靠墙，小管径管路在外；高压管路靠墙，低压管路在外；常温管路靠墙，热管路在外；支管少的管路靠墙，支管多的管路在外；不经常检修的靠墙，经常检修的在外。

(6) 明装管道成排安装时，直线部分应互相平行，曲线部分应是：当管道水平或垂直并行时，应与直线部分保持等距；管道水平上下并行时，弯管部分的曲率半径应一致。

(7) 水系统管路安装时应在系统的最高点和局部高点等有可能积聚空气的位置设置排气阀，在管路最低点和局部低点应设置泄水阀。

(8) 为了便于管路和设备的检修和拆卸方便，需要在管路上（埋地管道除外）设置一些活接口，如活接头、法兰、长丝等连接件。活接头由母口和子口两部分组成，子口一头安装在来水方向。要注意的是在采暖热媒为110~130℃的高温水时，管道可拆卸件应使用法兰，不得使用长丝和活接头，法兰垫料应使用耐热橡胶板。

（二）管道的连接

1. 管道连接方式

在暖通空调工程中，一般情况下焊接钢管的连接方式是当管径小于或等于32mm，采用螺纹连接；当管径大于32mm，采用焊接。管径小于或等于100mm的镀锌钢管采用螺纹连接，套螺纹时破坏的镀锌层表面及外露螺纹部分应做防腐处理；管径大于 100mm 的镀锌钢管应采用法兰或卡套式专用管件连接，镀锌钢管与法兰的焊接处应二次镀锌。给水塑料管和复合管可以采用橡胶圈接口、黏接接口、热熔连接、专用管件连接及法兰连接等形式。塑料管和复合管与金属管件、阀门等的连接应使用专用管件连接，不得在塑料管上套螺纹。给水铸铁管管道应采用水泥捻口或橡胶圈接口方式进行连接。铜管连接可采用专用接头或焊接，当管径小于 22mm 时宜采用承插或套管焊接，承口应迎介质流向安装；当管径大于或等于 22mm 时，宜采用对口焊接。

穿墙套管或其他隐蔽的地方不应设置焊缝和法兰等。管道的对接焊缝和法兰等接头，一般应离开支架 100mm 左右。在管道的纵向焊缝和对接焊缝处不宜开孔或连接支管。

2. 管道连接质量验收标准

管道接口应符合下列规定。

①熔接连接管道的结合面应有一均匀的熔接圈，不得出现局部熔瘤或熔接圈凸凹不匀现象。

②采用橡胶圈接口的管道，允许沿曲线敷设，每个接口的最大偏转角不得超过 2°。

③法兰连接时衬垫不得凸入管内，其外边缘接近螺栓孔为宜，不得安放双垫或偏垫。

④连接法兰的螺栓，直径和长度应符合标准，拧紧后，突出螺母的长度不应大于螺杆直径的 1/2。

⑤螺纹连接管道安装后的管螺纹根部应有 2～3 扣的外露螺纹，多余的麻丝应清理干净并做防腐处理。

⑥承插口采用水泥捻口时，油麻必须清洁，填塞密实，水泥应捻入并密实饱满，其接口面凹入承口边缘的深度不得大于 2mm。

⑦卡箍（套）式连接两管口端应平整、无缝隙，沟槽应均匀，卡紧螺栓后管道应平直，卡箍（套）安装方向应一致。

（三）管道安装工艺

1. 预制管段

按施工图纸绘制管道预制加工草图，预制管段。

预制管段时注意区分构造长度、安装长度和加工长度。构造长度是指两管件或设备中心线之间的长度。安装长度是指管段管件或设备之间管子的有效长度，其等于构造长度扣除管件装配后所占去的长度。加工长度是指管子所需要的下料尺寸，对于直管段，其加工长度就等于安装长度；对有弯曲的管段，其加工长度不等于安装长度。

管段的下料方法主要有计算法下料和比量法下料。对于直管段，计算法下料可根据管段的构造尺寸，扣除管件、阀门所占的长度，再加上管子拧入管件内或插入法兰内的长度，计算出管子的下料长度。比量法下料可在地面上将各管件、阀门按安装位置排列，然后用管子比量，定出管子的下料长度。

采暖管道和空调水管当采用普通焊接钢管和无缝钢管时，管子内部和外部易受腐蚀，施工中需要做好除锈和防腐处理。常见做法是清除管子表面的铁锈，再涂刷两遍防锈漆。

2. 水平干管安装坡度

水平干管安装是有坡度的，坡度值依据设计要求而定。水平干管坡度设置原则是：①气、水同向流动的热水采暖管道和气、水同向流动的蒸汽管道及凝结水管道、空调的冷冻水和冷却水管道，坡度应为3%，且不得小于2%；②气、水逆向流动的热水采暖管道和气、水逆向流动的蒸汽管道，坡度不应小于5‰，空调系统冷凝水坡度不应小于8%。由于水平干管安装时先安装支架，然后再使管道就位，因此在安装水平干管支吊架时需要考虑水平干管的坡度和坡向。

3. 管道的变径

管道的变径宜采用大小头，在垂直管道上宜用同心大小头。水平干管变径的处理方式是：对于蒸汽干管变径采用低平偏心大小头，以便于凝结水的排放；对于热水干管采用顶平偏心大小头，以便于空气的排放；对于冷凝水干管变径采用同心大小头。

当管道穿过建筑物伸缩缝、抗振缝、沉降缝时，应根据具体情况采取下列保护措施：①在墙体两侧采用柔性连接；②在管道或保温层外皮上下部留有不小于150mm的净空；③在穿墙处做成方形补偿器，水平安装。

四、管道的试压、保温和保护

（一）管道试压

管道试压包括隐蔽工程的水压试验和整个水系统的水压试验。水压试验的目的是检验管道及其附件机械性能的强度和检查系统连接部位的严密性。隐蔽工程的水压试验主要指暗装铺设和保温（或保冷）的采暖水管和空调水管在隐蔽或保温（或保冷）前应做的水压试验。整个水系统的综合试压应在管道和设备全部安装完成以及各分区管道与系统主、干管全部连通后进行。对于大型或高层建筑垂直位差较大的采暖管道、冷（热）媒水、冷却水管道系统宜采用分区、分层试压和系统试压相结合的方法。分段分层进行水压试验时，应用盲板（堵板）将试验管段与其他部分临时隔开。一般建筑可采用系统试压方法。

1. 准备工作

①试压前焊接钢管和焊缝均不得涂漆和保温，焊缝应经过外观检查确认合格。

②试压前应将不宜参与试压的系统、设备、仪表、管道附件等拆下，安装一临时短管替代或加设盲板加以隔离，并应有明显标记和记录。

③封闭系统中所有开口。

④水压试验系统中阀门都处于全关闭状态，待试压中需要开启再打开。

⑤检查并确认为试压而采取临时加固措施的安全性和可靠性。

⑥检查试压用的压力表，压力表的量程应为被测压力最大值的1.5~2倍，精度等级不应低于1.5级。

2. 试压

试验压力根据设计要求确定，若设计无规定时，可按下列要求进行。

①热水采暖或蒸汽采暖系统，应以系统顶点工作压力加0.1MPa做水压试验，同时在系统顶点的试验压力不得小于0.3MPa。

②高温热水系统应以系统顶点工作压力加0.4MPa做水压试验。

③使用塑料管及复合管的热水采暖系统应以系统顶点工作压力加0.2MPa做水压试验，同时在系统顶点的试验压力不小于0.4MPa。

④冷冻水系统和冷却水系统的试验压力。当工作压力≤1.0MPa时，为1.5倍工作压力，但最低不小于0.6MPa；当工作压力大于1.0MPa时，为工作压力加0.5MPa。

⑤空调系统各类耐压塑料管的强度试验压力为1.5倍工作压力，严密性工作压力为1.15倍的设计工作压力。

水压试验时，将试压设备与系统相连，打开水压试验管路中的阀门，开始向系统注水。注水时，打开试压管段高处各排气阀；综合试压时，开启系统中各高处的排气阀，使管道及设备边注水边排空气。待水灌满后，关闭排气阀和进水阀，停止向系统注水。打开连接加压泵的阀门，用电动打压泵或手动打压泵通过管路向系统加压，同时拧开压力表上的旋塞阀，观察压力逐渐升高的情况，一般分2~3次升至试验压力。在此过程中，每加压至一定数值时，应停下来对管道进行全面检查，无异常现象方可再继续加压。

试压过程中，用试验压力对管道进行试压，其延续时间应不少于10min；然后将压力降至工作压力，进行全面外观检查，在检查中，对漏水或渗水的接口做上记号便于返修。使用钢管及复合管的系统应在试验压力下10min内压力降不大于0.02MPa，降至工作压力后检查，不渗、不漏为合格；使用塑料管的系统应在试验压力下60min内压力降不大于0.05MPa，然后降压至工作压力的1.15倍，稳压2h，压力下降不大于0.03MPa，同时各连接处不渗、不漏为合格。

分区、分层试压时，对相对独立的局部区域管道进行试压。在试验压力下稳压 10min，压力不得下降，再将系统压力降至工作压力，在 60min 内压力不得下降，外观检查无渗漏为合格。

系统试压时，试验压力以最低点的压力为准，但最低点的压力不得超过管道与组成件的承受压力。压力试验升至试验压力后稳压 10min，压力下降不得大于 0.02MPa，再将系统压力降至工作压力，外观检查无渗漏为合格。

系统试压达到合格验收标准后，放掉管道内的全部存水。拆除试压连接管路，将入口处供水管用盲板临时封堵严实。不合格时应待补修后，再次按前述方法二次试压。试压合格后，通知有关人员验收并办理交接手续，然后把水泄净。

（二）充水试验

凝结水系统采用充水试验，应以不渗漏为合格。

（三）管道保温和保护

一般管道保温应在水压试验合格，防腐已完成后方可施工。

室内水管常用绝热材料有橡塑保温（或保冷）壳、岩棉管壳、超细玻璃棉管壳、憎水珍珠岩管壳等。绝热层外常用的保护材料有玻璃布保护层、铝箔玻璃布或铝箔牛皮纸保护层等。

五、水管系统常用附属设备的安装

（一）常用阀门安装

1. 阀门安装前的检查验收

（1）合格证明资料及外观的检验

各类采暖与空调工程用的阀门应有产品出厂合格证，并且阀体上应标明阀门型号、工作压力、适用温度等技术参数的标识牌。应按设计文件核对其型号和性能参数是否符合设计要求，检查阀门的外观质量。

（2）安装前对阀门的强度和严密性检验

根据通风与空调工程施工质量验收规范规定，对于工作压力大于 1.0MPa 及在主干管上起到切断作用的阀门，应逐个进行强度和严密性试验，合格后方准使用。其他阀门可不单独进行试验，待在系统试压中检验。阀门的强度和严密性试验规定为：阀门的强度试验压力为公称压力的 1.5 倍，严密性试验压力为公称压力的 1.1 倍，试验压力在试验持续时间内应保持不变且壳体填料及阀瓣密封面无渗漏。

闸阀和截止阀强度试验时应把阀闸板或阀瓣打开，压力从通路的一端引入，另一端堵塞。单向阀试验时应从进口端引入压力，出口一端堵塞。直通旋塞阀试验时塞子应调整到全开状态，压力从通路的一端引入，另一端堵塞。试验三通阀时应把塞子调整到全开的各个工作位置，带有旁通的阀件试验时，旁通阀也应打开。

对阀门中阀瓣与阀座的密封面、阀盖与阀体的密封垫以及填料函做密封程度的检验。严密性试验在阀门关闭的情况下，使试验介质从一侧引入，从另一侧检查其严密性。

截止阀：按阀体上流向标志的介质流入一侧加压，介质流出一侧检查。

闸阀：有两个密封面且安装无方向性，所以在阀门两侧均应做严密性试验。

单向阀：从正常使用时介质流出的一侧加压，在介质流入的一侧检查。

直通旋塞阀：将塞子调到全关位置，压力介质从一端引入，于另一端检查，然后，把阀芯旋转 180°，仍在原来的方向加压和检查。

三通旋塞阀：应把阀芯转到每个可能关闭的出口位置上，并依次在这个出口上加压，在其他两个出口同时检查。阀盖与阀体密封垫以及填料函的严密性试验，应在阀件开启、阀门通路的情况下进行。

2. 阀门的清洗

阀门的清洗应解体进行，一般是浸泡在煤油中，用刷子和棉布擦拭，除去阀腔和各零件上的防锈漆和污物。清洗后，保持零件干燥，重新更换已损坏的垫片和填料函。

3. 普通阀门安装

截止阀安装时有方向性要求，安装时应注意阀体所标介质流动方向，不得装反。

若箭头看不清或没有，安装时注意保持介质由阀座进入低进高出。单向阀安装时也有方向性要求，安装时同样应注意阀体所标介质流动方向，不得装反。对于卧式升降式单向阀应水平安装，立式升降式单向阀和旋启式单向阀既可以水平安装也可以垂直安装。

为了保证测量数据的可信性和准确性，平衡阀和调节阀前后应有一定长度的直管段，一般阀前应有 5 倍管径，阀后有两倍管径的直管段。平衡阀和调节阀安装、试压、冲洗合格后应进行系统的调试和整定，需要对阀门相应的开度进行锁定并做出标志，之后不得随意变动阀门开度和锁定位置。

水平管道上安装阀门时，阀杆应垂直向上或向上倾斜一定的角度，但禁止阀杆向下安装。安装螺纹连接阀门时，为了拆卸方便，一般在阀门出口处设置 1 个活接头。安装法兰阀门时，应保持两法兰端面相互平行和同心度。凡暗装于顶棚上或管井内的水管，在设有阀门处，都必须设置检查门或活动天花板检修孔。

阀门应安装在便于操作、维修的位置，并应留有阀门手柄操作的空间。阀门安装后，应符合使用功能的要求，阀门的启闭应灵活自如。

4. 疏水器安装

（1）疏水器组装

疏水阀多以阀组形式安装，安装后的阀组称为疏水器。疏水器的组装应按设计要求进行，分为带旁通管和不带旁通管两种形式。疏水器的组成一般包括疏水阀、前后截断阀（截止阀）、冲洗管及阀门、检查管及阀门、旁通管及控制阀门、Y型过滤器、单向阀等。疏水阀与前截断阀间设置过滤器主要目的是防止凝结水中的污垢堵塞疏水阀，除热动力疏水阀由于本身带过滤器外，其他类型疏水阀安装时需要设置Y型过滤器。检查管的作用是检查疏水阀工作是否正常，当打开检查管若有大量蒸汽逸出时，可能是疏水阀工作异常，需要检修或更换。冲洗管主要是在冲洗管路时使用。设置旁通管是为了在蒸汽系统初始启动时通过旁通管排放大量凝结水，减小疏水阀的排水量负荷。正常运行时旁通阀应关闭，小型采暖系统可不设旁通管。

组装连接时，公称尺寸$DN \leqslant 32$mm的阀门，管路采用螺纹连接，阀门前后的阀门采用螺纹截止阀；公称尺寸$DN \geqslant 40$mm的阀门，管路采用焊接，阀门前后的阀门采用法兰截止阀。在螺纹连接的管道系统组装时，组装的疏水器两端应加装活接头，以便于疏水器的检修和拆卸。对于高压蒸汽系统，活接头改为法兰盘，当疏水阀背压升高时，为防止凝结水倒灌，应设置单向阀，热动力式疏水阀本身能起止回作用。

（2）疏水器安装要求

一般情况下，蒸汽管道的直线管段上在顺坡时每隔400m和逆坡时每隔200m均应设疏水阀。在蒸汽管道低点处和垂直升高前应设疏水阀。用气设备应分别设置疏水阀。疏水器安装要求是：

①当疏水阀用于用热设备的凝结水排出时，安装位置应尽量靠近用热设备且安装在用热设备的下部，以防用热设备存水。当疏水阀用于蒸汽管道疏水时，疏水阀应安装在低于管道的排水线。

②疏水阀的安装位置应尽量靠近排水点，若距离太远时，疏水阀前面的细长管道内会积存空气或蒸汽，使疏水阀处在关闭状态，而且阻挡凝结水不能到达疏水点。

③除热动力型疏水阀以外，其他疏水阀应垂直安装在水平管道上，不可倾斜安装。

④疏水阀安装有方向性要求，阀体上的箭头应与凝结水的流向一致。疏水阀的排水管管径不能小于进口管径。

⑤疏水阀的进口端应安装过滤器，以定期清除积存的污物，保证疏水阀的正常使用。

5. 安全阀安装

安全阀是用于锅炉、容器等有压设备和管道上，当介质压力超过规定数值时，自动开启排除过剩介质压力，而当压力恢复到规定数值时能自动关闭，对管道和设备起安全保护作用。目前，工程上普遍使用的是弹簧式安全阀。

安全阀应垂直安装，不得倾斜。杠杆式安全阀杠杆应保持水平，应使介质从下向上流出。

当工艺设备或管道内的介质压力达到规定压力时，才对安全阀定压。安全阀开启压力由设计规定，一般为工作压力的 1.05~1.1 倍。具体操作为：

（1）弹簧式安全阀

首先拆下安全阀顶盖和拉柄，然后旋转调整螺钉。当调整螺钉被拧到规定的开启压力时，安全阀便自动放出介质来，此时再微拉拉柄，若立即有大量介质喷出即认为定压合格；然后，打上铅封，定压完毕。

（2）杠杆式安全阀

首先旋松重锤定位螺钉，然后慢慢移动重锤，待到安全阀出口自动排放介质为止，旋紧定位螺钉，定压即告完成，最后要加以铅封。

安全阀泄压：当介质为液体时，一般排入管道或其他密闭容器；当介质为气体时，一般排至室外大气。对于单独排入大气的安全阀，应在其入口处装设一个常开的截断阀，并铅封；对于排入密闭系统或用集气管排入大气的安全阀，则应在它的入口和出口处各装一个常开的截断阀，并铅封。截断阀应选用明杆闸阀、球阀或密封好的旋塞阀。安全阀排出管过长，则应加以固定。

6. 减压阀安装

（1）减压阀组的组装

按设计要求进行减压阀组的组装。减压阀组主要由减压阀、前后截断阀（截止阀）、安全阀、过滤器、压力表、旁通管及控制阀门等组装而成。减压阀的两侧应装设压力表，以便观察阀前后的压力变化。低压管道应设置安全阀，以保证系统的安全运行；用于蒸汽减压时，要设置泄水管。对净化程度要求较高的管道系统，在减压阀前设置过滤器。设置旁通管以便检修用。

（2）减压阀安装要求

减压阀一般应安装在操作和维修方便的地方。减压阀安装要求是：

①减压阀必须垂直安装在水平管道上，减压阀前后应安装切断阀门，一般采用法兰截

止阀，并设置旁通管和旁通阀。

②减压阀安装有方向性要求，阀体上的箭头应指向介质流动方向，不得装反。

③减压前的管径应与减压阀的公称尺寸相同，减压阀后面的管径应比减压阀公称尺寸大 1~2 号，减压阀与管子之间应有大小头。

④低压管上应安装安全阀，安全阀的排气管应接至室外。

⑤带均压管的减压阀，均压管应连接在低压管道上。

（3）减压阀组调试

减压阀组安装结束后，应按设计要求对减压阀、安全阀进行试压、冲洗和调整，并做出调整后的标志。系统进行管道冲洗时，应关闭减压阀的进口阀，打开冲洗阀进行冲洗。系统送气前应打开旁通阀，关闭减压阀前的控制阀，对系统进行暖管并冲走残余污物，暖管正常后，再关闭旁通阀，使介质通过减压阀正常运行。

7. 除污器和水过滤器的安装

除污器有立式和卧式两种，除污器的安装有方向性不得装反，除污器安装时应设旁通管和旁通阀。除污器安装有直通式和角式两种。为了便于检修和拆卸，除污器管路上所连接的阀门均为法兰阀门。

水过滤器安装时，同样应设旁通管和旁通阀。

8. 集气罐和自动排气阀的安装

集气罐制作及相关用料见相关图集，集气罐安装位置多为供水系统最高点和主要干管的末端，集气罐规格和安装位置一般由设计给出。在系统上水时反复开关此阀，运行时定期开阀放气。

自动排气阀安装位置是供水系统最高点或局部高点，自动排气阀型号和安装位置一般由设计给出。安装自动排气阀前应先安装截止阀，当系统试压、冲洗合格后，才可开启排气阀。

（二）补偿器的安装

热补偿器有弯管补偿器、套管式补偿器、球形补偿器及波纹补偿器四大类。

1. 弯管补偿器安装

弯管补偿器有方形和 Ω 形两种，根据臂长和宽度的不同分为 Ⅰ、Ⅱ、Ⅲ、Ⅳ型。通常采用方形补偿器较多，方形补偿器一般用无缝钢管制成。对于尺寸较小的方形补偿器，应用整根无缝钢管煨制，对于尺寸较大的方形补偿器，可由两根或三根管子热弯而成，其焊口应设在垂直臂的中间位置。方形补偿器具有构造简单、安装方便、热补偿量大、工作可靠等优点，但其占地面积大、水阻力大。

管道热伸长计算式为

$$\Delta L = \alpha L(t_2 - t_1) \tag{4-1}$$

式中：ΔL ——为管道热伸长量，mm；

α ——管材的线膨胀系数，mm/m℃；

L ——管道计算长度，m；

t_2 ——热媒温度,℃；

t_1 ——管道安装时温度,℃。

为了减少补偿器的膨胀应力，提高补偿能力，在方形补偿器安装时应进行预拉伸，拉伸长度应按设计要求，无要求时为其伸长量的1/2，预拉伸的焊口应选在距补偿器弯曲起点2~2.5m为宜。预拉伸方法可选用千斤顶或撑拉器将补偿器的两臂撑开，还可以用拉管器进行冷拉。采用千斤顶顶撑时，拉伸前将两端固定支架焊好，补偿器一端直管与方形补偿器焊好，补偿器另一端直管与连接末端之间预留其伸长量的1/2，用千斤顶进行拉伸。拉伸时，千斤顶横放于方形补偿器两臂间，加好支撑和垫块，起动千斤顶撑开两臂使预拉焊口靠拢至要求间隙，焊口找正焊好。采用拉管器冷拉时，拉伸前将两端固定支架焊好，补偿器两端直管与连接末端之间预留其伸长量的1/4，用拉管器进行拉伸。拉伸时，将拉管器的法兰管卡卡在被拉焊口两端。通过调整穿在两个法兰管卡之间的双头长螺栓使预拉焊口靠拢至要求间隙，焊口找正焊好。两侧冷拉可同时进行，也可分别操作。

方形补偿器一般安装在两固定支架中间。方形补偿器水平安装时，应与管道的坡度、坡向一致；垂直安装时，高点应设排气阀，低点应设泄水装置。补偿器安装就位时，起吊点应为3个，以保持补偿器的平衡受力，以防变形。

2. 套管式补偿器安装

套管式补偿器主要依靠插管和套管间的自由伸缩来补偿直管段热胀冷缩的长度变化。套管式补偿器有单向和双向补偿器两种，其补偿能力较大，占地面积小，安装简单，但易漏水，需要经常检修更换填料。套管式补偿器主要用于安装方形补偿器空间不够的场合，但不适用于埋地管安装。

套管式补偿器安装前，应将补偿器拆开，检查内部零件及填料是否齐备，质量是否符合要求。套管式补偿器在安装时，也应进行预拉。预拉伸时，将补偿器填料压盖松开，将内套管拉出预拉伸长度，再将填料压盖紧住。

由于补偿器的补偿值是按设计的最高温度和安装时的冷态温度计算出来的，而实际安装时的环境温度并不等于设计计算时的冷态计算温度，因此安装时应留有一定的剩余收缩

余量。剩余收缩余量的计算式为

$$S = S_0 \frac{t_a - t_0}{t_2 - t_0} \tag{4-2}$$

式中：S ——插管与套管挡圈间安装剩余收缩余量，mm；

S_0——补偿器的最大补偿能力，mm；

t_0 ——管道设计计算时的冷态计算温度，℃；

t_a ——安装时的环境温度，℃；

t_2 ——管道设计计算时的热态计算温度，即管道内介质的最高温度，℃。

套管补偿器安装时，应保证其中心线与管线中心线的一致，不可歪斜。单向套管式补偿器应安装在靠近固定支架的位置，补偿器套管与靠近固定支架的管道连接，起补偿作用的芯管与有导向支座的管端连接。双向套管式补偿器应安装在两固定支架中间，补偿器两端芯管与有导向支座的管端连接，中间套管应固定。

3. 波纹补偿器安装

波纹补偿器是靠波形管壁的弹性形变来吸收直管段热胀冷缩的长度变化。其波节数量可根据需要确定，一般为1~4个。每个波节的补偿能力由设计确定，一般为20mm。其结构紧凑，制造技术复杂，耐压低，通常适用于低压大直径管道。

安装前应了解波纹补偿器出厂前是否已做预拉伸。厂家可以根据用户订货时提供的预拉伸量或必要的数据，出厂前进行波纹补偿器的预拉伸。如未进行，应补做预拉伸。波纹补偿器预拉伸应分次进行，使各波节受力均匀。

安装波纹补偿器时，应设临时固定支撑，待管道系统安装完毕（包括吹扫、清洗和试压）后方可拆除这些临时固定支撑。

4. 球形补偿器安装

球形补偿器是利用补偿器的活动球体在回转中心范围内能自由转动来吸收直管段热胀冷缩的长度变化。球形补偿器不能单个使用，需要2~4个球形补偿器配套使用。球形补偿器主要用于热力管网。

球形补偿器安装时，两固定端间的管线应与球形补偿器中心重合，补偿器两侧第一个支架宜用滑动支架，其余为导向支架。球形补偿器安装有方向性要求，介质从球体端流入，从壳体端流出。用作采暖管道的球形补偿器安装时，须进行预压缩，其折曲角应向反方向偏转。

（三）膨胀水箱安装

膨胀水箱的安装要求是：

（1）膨胀水箱下方应有支座，支座可用方木、钢筋混凝土、砖或钢架，其高度应大于300mm。膨胀水箱底应至少高出系统最高点1m。

（2）对于普通钢板制作的膨胀水箱，其箱体内外表面应刷樟丹或其他防锈漆。

（3）膨胀水箱安装在非采暖房间里时，膨胀水箱采取保温措施。

（4）膨胀水箱要进行满水试漏。

（5）膨胀水箱一般连接在冷（热）水水泵的吸入侧，膨胀水箱膨胀管和系统连接点位置应按设计要求选定。

（6）一般情况下，当水箱所处环境温度在0℃以上时可不设循环管。当设计设置循环管时，循环管和系统的连接点与定压点（膨胀管和系统连接点）应有1.5~3m间距。

（7）为了防止阀门误关导致膨胀水箱失效或水箱内水循环停止的不良后果，膨胀水箱的膨胀管及循环管上不得安装阀门。

第二节　采暖系统安装技术

一、采暖系统概述

（一）采暖系统组成

采暖系统主要由热源、管道系统和散热设备三部分组成。热源是指热量的发生器，如锅炉。管道系统是指由室内管网组成的热媒输配系统，也称为热网。散热设备是指将热量散入室内的装置，如散热器等。

（二）采暖系统分类

（1）按热媒种类划分，采暖系统可分为热水采暖系统、蒸汽采暖系统和热风采暖系统。热水采暖系统根据热水温度的高低，又可分为低温热水采暖系统和高温采暖系统。低温热水采暖系统的热媒温度低于或等于100℃，高温采暖系统的热媒温度高于100℃。一般民用建筑的室内采暖系统多采用低温热水作为热媒，设计的热水供、回水温度为95℃/75℃。高温采暖系统多用于生产厂房，设计供回水温度为120~130℃/70~80℃。

蒸汽采暖系统按蒸汽压力的高低，又可分为高压蒸汽采暖系统、低压蒸汽采暖系统和真空蒸汽采暖系统。蒸汽压力高于0.7MPa的为高压蒸汽采暖系统，蒸汽压力低于或等于0.7MPa的为低压蒸汽采暖系统，蒸汽压力低于大气压力的为真空蒸汽采暖系统。

热风采暖系统按其设施可归入通风与空调工程。

（2）按供热区域划分，采暖系统可分为局部采暖系统、集中采暖系统和区域采暖系统。局部采暖系统是热源、管道、散热设备连成一整体。集中采暖系统是锅炉单独设在锅炉房内或城市热网的换热站，通过管道向一幢或几幢建筑供热。区域采暖系统是由一个区域锅炉房或区域换热站向城镇的某个生活区、商业区或厂区集中供应热能的系统。

（3）按循环动力方式划分，采暖系统可分为自然循环采暖系统（或重力循环）和机械循环采暖系统。自然循环采暖系统是指依靠供水和回水密度差使水循环的系统，该系统具有装置简单，运行时无噪声和不消耗电能等优点，但由于其作用压力小，管径尺寸大，作用范围受到限制。自然循环采暖系统通常只能在单幢建筑中应用，其作用半径不宜超过50m。机械循环采暖系统是指依靠水泵提供的动力克服流动阻力使热水流动循环的系统。

（三）热水采暖系统的系统形式

（1）按供水干管与立管在系统的上部分支、下部分支和中部分支，分为上分式、下分式和中分式系统。

上分式系统又称上供下回式系统。在此系统中，供水干管设置在顶层散热器之上。供水干管设置与水流方向一致的上升坡度，干管末端设置一个集气罐或自动放气阀，以便于系统中的气体集中于此排出。回水干管的坡度设置与水流方向一致下降，回水经由水泵送回锅炉，再经加热循环使用。膨胀水箱接在水泵的吸入侧。

（2）按立管数量不同，可分为单管系统和双管系统。供水和回水在各自的立管运行称为双立管，供水和回水在同一立管运行的称为单立管。单立管又有单立管串联式和单立管跨越式之分。

（3）按系统管道敷设方式不同，分为垂直式系统和水平式系统。水平式系统不设立管，每层散热器用水平干管串联系统，水平串联散热器不宜过多。

（四）蒸汽采暖系统的系统形式和特点

蒸汽采暖系统布置与集中热水采暖系统有些相似，也有上分式、下分式、中分式；也有双立管、单立管。

蒸汽采暖系统的特点是送气干管的坡度是随着蒸汽流动的方向逐渐降低，以有利于凝结水的排出。除了散热器的供气支管上设置阀门外，凝结水支管也要设置阀门，在凝结水干管上安装疏水器，起到疏水阻气的作用。对于高压蒸汽系统，送气干管和凝结水干管上均应设伸缩器。

蒸汽采暖的缺点是：散热器表面温度高易烫伤人，易产生焦烟味，也易发生漏气，管道易腐蚀，常发生水击噪声。因此，蒸汽采暖多用于对卫生条件要求不高的车间、礼堂、剧院这些间断供热的用户。

（五）采暖系统阀门选用

一般情况下，热水系统和凝结水系统选用闸阀或蝶阀，高低压蒸汽系统选用球阀作为关闭用阀门。调节流量用的阀门通常选用截止阀、平衡阀、蝶阀等。放水和放气用阀门的选用原则是当热媒温度大于或等于100℃时，选用闸阀；当热媒温度小于100℃时，选用旋塞阀。

二、普通采暖系统安装

（一）采暖管道安装

1. 热力入口的安装

采暖热力入口由供水总管、回水总管和配件组成。根据采暖通风与空气调节设计规范要求，热水采暖系统应在热力入口处的供、回水总管上设置温度计、压力表及除污器，必要时应装设热量表。

2. 干管安装

采暖干管过门时可以从门上绕过，也可以在门下砌筑地沟，从地沟通过。地沟内的干管应设排污丝堵或设置泄水旋塞。

3. 立管安装

立管安装位置有明装和暗装之分，对于明装的立管应尽量布置在墙角和窗间墙处，暗装立管一般设置在管井内和管槽中。立管的安装位置是由设计确定且应避开窗帘盒。对于管径小于或等于32mm的不保温采暖双立管，其两管中心距应为80mm，允许偏差5mm。热水供水立管或蒸汽立管应置于面向的右侧，回水立管在左侧。

4. 支管安装

散热器支管的安装应在散热器与立管安装完毕之后进行，也可与立管同时进行安装。

由于立管中心距墙与散热器接口中心距墙不同，因此一般支管上都有乙字弯（灯叉弯）。乙字弯由两个45°弯管和一段直管组成，乙字弯的跨幅（即管子中心线距离）根据规范要求和实际情况确定。特别是水平式系统，水平支管较长且散热器位置固定，为了有利于热胀冷缩，水平支管一定要设乙字弯，隔几组散热器设一个方形补偿器。

支管上安装阀门时，应配以可拆装的管件，如活接头、法兰，以便修换阀门。支管上无阀门时，为了拆卸散热器，也要有可拆装的管件。可拆装管件应安装在紧靠散热器的一侧，以便检修和清洗散热器。阀门放在靠立管的一侧，以便在关闭阀门的情况下拆装散热器。

连接散热器的支管安装应有1%坡度，一般坡降为5~10mm。具体做法是：当支管长度小于或等于500mm，坡度值为5mm；当支管长度大于500mm，坡度值为10mm。当一根立管连接两根支管，其中任一根支管长度超过500mm，其坡度值均为10mm。正确的坡向和合理的坡度可以有效地防止热水采暖系统出现窝气现象和蒸汽采暖系统出现凝结水积存现象。对于蒸汽采暖系统，室内每组散热器的凝结水支管上应设置疏水器。

一般情况下散热器支管可不安装管卡，但散热器支管长度超过1.5m时，应在距立管1m处的支管上设管卡或托钩。散热器支管过墙时，除应该加设套管外，还应注意支管不准在墙内有接头。

5. 采暖管道安装施工质量验收标准

主控项目有：

（1）管道安装坡度。当设计未注明时，应符合下列规定：①气、水同向流动的热水采暖管道和气、水同向流动的蒸汽管道及凝结水管道，坡度应为3‰，不得小于2‰；②气、水逆向流动的热水采暖管道和气、水逆向流动的蒸汽管道，坡度不应小于5‰；③散热器支管的坡度应为1%，坡向应利于排气和泄水。

检验方法：观察，水平尺、拉线、尺量检查。

（2）补偿器的型号、安装位置及预拉伸和固定支架的构造及安装位置应符合设计要求。

检验方法：对照图纸，现场观察，并查验预拉伸记录。

（3）平衡阀及调节阀型号、规格、公称压力及安装位置应符合设计要求。安装完后应根据系统平衡要求进行调试并做出标志。

检验方法：对照图纸查验产品合格证，并现场查看。

（4）蒸汽减压阀和管道及设备上安全阀的型号、规格、公称压力及安装位置应符合设计要求。安装完毕后应根据系统工作压力进行调试，并做出标志。

检验方法：对照图纸查验产品合格证及调试结果证明书。

（5）方形补偿器制作时，应用整根无缝钢管承制，如需要接口，其接口应设在垂直臂的中间位置且接口必须焊接。

检验方法：观察检查。

（6）方形补偿器应水平安装并与管道的坡度一致，如其臂长方向垂直安装必须设排气及泄水装置。

检验方法：观察检查。

（二）散热器安装

散热器是将采暖系统的热媒（热水或蒸汽）所携带的热量，通过散热器壁面主要以对流传热方式向房间传热，以补充房间的热损失，保持室内一定的温度。散热器是采暖系统的重要组成部分。

1. 常用散热器类型

目前，生产的散热器种类繁多，按其制造材质分，主要有铸铁散热器、钢制散热器和铝制散热器；按其构造形式分，主要有柱形、翼形、管形、平板形等散热器。

（1）铸铁散热器

铸铁散热器具有结构简单、耐腐蚀性好、使用寿命长、热稳定性好和价格便宜等优点，但其金属耗量大、传热系数比较低、承压能力低，普通铸铁散热器的承压能力一般为0.4~0.5MPa，在使用过程中内腔的掉砂易造成热量表和温控阀的堵塞，外形欠美观。

按其构造形式的不同，主要有翼形和柱形两种。其中翼形散热器又分为圆翼形和长翼形两种，常用柱形散热器主要有二柱散热器、四柱散热器。铸铁散热器一般只用于热水采暖系统。

长翼形散热器外表面具有许多竖向肋片，外壳内部为一扁盒状空间。

圆翼形散热器是一根内径75mm的管子，外面带有许多圆形肋片的铸件。

柱形散热器是呈柱状的单片散热器组装在一起形成一组散热器，每片散热器各有几个中空的立柱相互连通。柱形散热器有带腿（也称足片）和不带腿两种片形（也称中片）。我国常用的柱形散热器主要有二柱、四柱散热器。根据国内标准，每片散热器长度有60mm、80mm两种，宽度有132mm、143mm、164mm三种，散热器同侧进出口中心距有300mm、500mm、600mm、900mm四种标准规格尺寸。对HT100灰铸铁柱型散热器，以热水为热媒时，最高工作压力为0.5MPa；对于HT150灰铸铁柱形散热器，以热水为热媒时，最高工作压力为0.8MPa；以蒸汽为热媒时，最高工作压力为0.2MPa。

（2）钢制散热器

钢制散热器与铸铁散热器相比，具有金属耗量少、传热系数高、承压能力高，最高承压能力可达0.8~1.0MPa，外形美观等优点，但普通钢制散热器耐腐蚀性能差、使用寿命短、热稳定性差。

钢制散热器的主要形式有闭式钢串片形、板形、柱形、扁管形和钢制柱形散热器等。

采用钢制散热器时，其水系统应采用闭式系统，满足产品对水质的要求，并在非采暖季充水保养。而蒸汽采暖系统不得采用钢制柱形、板形和扁管等散热器。

（3）铝制散热器

铝制散热器包括铝及铝合金散热器，该散热器以其热工性能指标好、质量小、承压能力高、成型容易、易于建筑装饰协调等优点而引起重视，但也存在价格高、碱腐蚀严重等问题。采用铝制散热器时，应选用内防腐型铝制散热器，并满足产品对水质的要求。铝制散热器适用于高级建筑。

（4）光管散热器

光管散热器是用钢管焊制而成的，构造简单、制作方便，但外形不够美观。光管散热器可制成单管形散热器、U 形管散热器和由多根单管与连通管组成的排管形散热器。单管形、U 形管可用于民用住宅建筑的卫生间、厨房等处，A 型蒸汽排管散热器和 B 型热水型排管散热器一般适用于工业厂房及需采暖的仓库等处。

2. 散热器组对与安装操作要点

（1）散热器组对

散热器在组对前准备工作主要有：①消除散热器其内部铁渣、砂粒等杂物，清除散热器上的铁锈，散热器每片上的各个密封面应用细砂布或断锯条打磨干净，直至露出金属本色；②防腐处理工作：涂刷防锈漆（樟丹）和银粉漆各一遍，相应螺纹部分和连接用的对丝也应除锈并涂上机油。

组对散热器的主要材料有散热器片、对丝、垫片、补芯和丝堵。

散热器的组装片数一般不宜超过下列数值。粗柱形（包括柱翼形）散热器 20 片，细柱形散热器 25 片，长翼形散热器 7 片，其他片式散热器每组的连接长度不宜超过 1. 6m。对于落地安装的柱形散热器，一组散热器片数在 14 片以下时，要求安装两个腿片；在14~25 片时，中间再增加一片带腿的散热器片。散热器对丝是两片散热器之间的连接件。

散热器对丝是两片散热器之间的连接件。散热器对丝其中的一半是正丝（右螺纹），另一半是反丝（左螺纹）。散热器垫片安装在对丝中间以密封散热器接口。当介质为蒸汽时采用 1mm 厚的石棉垫涂抹铅油，介质为过热水时采用高温耐热橡胶石棉垫，介质为一般热水时，采用耐热橡胶垫。

散热器补芯又叫散热器内外丝，是散热器与接管的连接件。散热器补芯规格有 *DN* 40×32、*DN* 40×25、*DN* 40×20、*DN* 40×15 四种，可根据设计的接管口径选用。外丝拧入散热器内螺纹接口中，内丝用以连接散热器支管，每组散热器用补芯两个。当支管与散热器异侧连接时，选用正、反补芯各一个；当支管与散热器同侧连接时，均用正补芯。

散热器丝堵用于对散热器不接管的一侧封堵，分正丝和反丝。在堵头上钻孔攻内螺纹，安装手动冷风阀的为放风堵头，每组散热器用堵头 2 个。对水平串联系统用正螺纹堵头 1 个，放风堵头 1 个；对同侧接管的系统，用反螺纹堵头 2 个。

散热器组对用的工具称为散热器钥匙。组对散热器片时，应使用以高碳钢制成的专用钥匙。

（2）拉条预制与安装

对于组对 20 片以上散热器，应装散热器横向加固拉条。拉条长度尺寸根据散热器片数和长度确定，拉条由 $\varphi8 \sim \varphi10$ 圆钢预制而成，预制过程包括调直、两端收头套螺纹、除锈和刷防锈漆。

拉条安装方法是在散热器上下两端外柱内穿四根拉条，在每根拉条端头套好一个骑码（即垫板）并用普通螺母紧固。拧紧拉条的丝杆外露部分不应超过一个螺母的厚度，拉条及两端的垫板及螺母应隐藏在散热器翼板内。

（3）散热器单组水压试验

组对后的散热器以及整组出厂的散热器，在安装之前应做水压试验。试验压力如设计无要求时应为工作压力的 1.5 倍且不小于 0.6MPa。实验时间为 2～3min，压力不降且不渗不漏为合格。

散热器一般刷一遍防锈漆和两遍面漆，第二遍面漆待系统水压试验合格后再刷。

（4）散热器安装就位

散热器的布置原则是宜安装在外墙窗台下，沿散热器上升的对流热气流能阻止和改善从玻璃窗下降的冷气流和玻璃冷辐射的影响，以确保室内温度的均匀分布。散热器中心线与外窗中心线重合，当安装或布置管道有困难时，也可靠内墙布置。散热器有明装、暗装和半暗装三种形式。散热器一般宜明装，内部装饰要求较高的建筑和公共建筑可采用暗装。暗装时装饰罩应有合理的气流通道，足够的流通面积，并方便维修。托儿所和幼儿园的散热器应暗装或加保护罩，以防烫伤儿童。

散热器安装方式可以靠墙挂装，也可以借助足片落地安装。散热器安装位置要求为：散热器背面与装饰后的内墙表面安装距离应符合设计或产品说明书要求，如设计未注明，散热器背面与装饰后的墙面距离为 30mm。

散热器托钩、卡子、托架以及光排管支座形式、尺寸参见相关图集。散热器的托钩和卡子可以采用预埋固定安装形式，也可以采用膨胀螺栓固定的方法。托架一般由生产厂家提供，形式多样，安装时一般通过膨胀螺栓固定在建筑墙体上。落地支架一般在墙体不能承重时采用。施工时注意固定卡孔洞的深度不少于 80mm，托钩孔洞的深度不少于 120mm，现浇混凝土墙的深度为 100mm，使用膨胀螺栓应按膨胀螺栓的要求深度。

柱形带腿散热器固定卡安装：从地面到散热器总高的3/4画水平线，与散热器中心线交点画印记，此为15片以下的双数片散热器固定卡位置。单数片向一侧错过半片。16片以上者应栽2个固定卡，高度仍在散热器3/4高度的水平线上，从散热器两端各进去4~6片的地方栽入。

挂装柱形散热器托钩高度应按设计要求并从散热器的距地高度上返45mm画水平线。托钩水平位置采用画线尺来确定，画线尺横担上刻有散热片的刻度。画线时应根据片数及托钩数量分布的相应位置，画出托钩安装位置的中心线，挂装散热器的固定卡高度从托钩中心上返散热器总高的3/4画水平线，其位置与安装数量同带腿片安装。

（5）散热器冷风阀安装

冷风阀又称放气旋塞，它的作用是以手动方式排出散热器中的空气。当热水采暖系统采用下供下回方式系统时，往往顶层每组散热器需要安装冷风阀；当系统采用水平串联布置时，每组散热器需要安装冷风阀。散热器组安装排气阀是在水压试验合格后，在散热器上钻孔攻螺纹，装上冷风阀。

在热水采暖系统和高压蒸汽采暖系统中，冷风阀安装在每组散热器的顶部补芯上。在低压蒸汽采暖系统中，由于空气的温度小于水而大于蒸汽，在散热器中，空气聚集在散热器的中间部位，蒸汽位于上部，凝结水处于下部，因此，排气阀应安装在散热器的1/3高度处，以便散热器内的空气能顺利排出。

3. 散热器组对与安装施工质量验收标准

主控项目为：散热器组对后以及整组出厂的散热器在安装之前应做水压试验。试验压力如设计无要求时应为工作压力的1.5倍，但不小于0.6MPa。

检验方法：试验时间为2~3min，压力不降且不渗不漏。

三、低温热水地面辐射采暖系统安装

低温热水地板辐射采暖是以温度不高于60℃的热水为热媒，在加热管内循环流动，加热地板，通过地面以辐射和对流的传热方式向室内供热的采暖方式。低温热水地板辐射采暖具有温度梯度小，室内温度均匀，脚感温度高，舒适、卫生和不占室内空间等特点。

（一）低温热水地面辐射采暖系统概述

1. 低温热水地面辐射采暖系统地面构造

地面构造由楼板或与土壤相邻的地面、绝热层、加热管、填充层、找平层和面层组成。

绝热层是指用于阻挡热量传递，减少无效热损耗的构造层。与土壤相邻的地面必须设绝热层且绝热层下部必须设置防潮层，直接与室外空气相邻的楼板也必须设绝热层。当工程允许地面按双向散热设计时，可不设绝热层。绝热板材通常采用聚苯乙烯泡沫塑料，其主要技术指标是表观密度不小于20kg/m^3，热导率不大于0.041W/（m・K），压缩强度不小于100kPa，吸水率不大于4%，氧指数不小于30。聚苯乙烯泡沫塑料板的厚度不宜小于以下要求。楼层之间楼板上的绝热层为20mm，与土壤或不采暖房间相邻地板上的绝热层为30mm，与室外空气相邻地板上的绝热层为40mm，沿外墙周边20mm。当采用其他绝热材料时，宜按等效热阻确定其厚度。当热阻要求较高且厚度受限时，可在聚苯板下加一层聚氨酯泡沫塑料板。

为了防止绝热层上部施工水分破坏绝热层功能，可以在绝热层上表面设置保护层。保护层与绝热层复合在一起，同时还具有固定加热管的作用。保护层可用铝箔，也可用0.15mm厚的复合聚乙烯塑料薄膜。

加热管是指布置在地面下垫层内的管道。它是主要的散热设备，是低温热水地板辐射采暖系统重要组成部分。加热管多采用塑料管，主要有交联铝塑复合管（XPAP）、聚丁烯管（PB）、交联聚乙烯管（PE-X）、耐热乙烯管（PE-RT）及无规共聚聚丙烯管（PP-R）。

填充层是指在绝热层或楼板基面上设置加热管或发热电缆用的构造层，用以保护加热设备并使地面温度均匀。填充层通常采用C15豆石混凝土，豆石粒径宜为5~12mm。加热管的填充层厚度不宜小于50mm。当地面荷载大于20kN/m^{2}时，应会同结构设计人员采取加固措施。当面层采用带龙骨的架空木地板时，加热管应敷设在木地板与龙骨间的绝热层之上，可不设豆石混凝土填充层。绝热层与地板间净空不宜小于30mm。

对卫生间、洗衣间、浴室和游泳馆等潮湿房间，应在填充层上部设置隔离层。隔离层作用是防止建筑地面上各种液体或潮气等透过地面进入填充层和绝热层。

2. 加热管布置

地面辐射采暖管道布置形式有直列形（平行排管）、回转形（蛇形盘管）和往复形（蛇形排管）。

直列形加热管布置的特点是构造简单，地板受热不均匀。回转形加热管布置的特点是经过其板面中心的任意剖面，都可以保证高低温管间隔布置，温度分布均匀。往复形加热管布置的特点是铺设复杂，地面温度场较均匀。对于热损失明显不均匀的房间，宜采用将高温管段优先布置在房间热损失较大的外窗或外墙侧的方式。地面上的固定设备和卫生器具下面不宜布置加热管。

在实际工程中，为了使室内温度分布尽可能均匀，在临近外窗、外墙内侧 1m 左右，管间距可以适当缩小，其他区域则可以适当放大。但为了使地面温度分布不会有过大差异，加热管最大间距不宜超过 300mm。

3. 室内温度控制

方式为：①在加热管与分、集水器分路上设置阀门，通过手动调节来控制室内温度；②在加热管与分、集水器分路上设置恒温控制阀，通过设定保持室内温度恒定；③利用温度传感器和在分、集水器上设置远传型自力式或电动式恒温控制阀，使室内温度恒定；④采用具有时间—温度预设定功能的温控装置。

（二）施工操作要点

低温热水地面辐射采暖系统的施工，环境温度不宜低于 5℃。

1. 楼地面基层清理

在楼地面施工时，必须严格控制表面的平整度，其平整度允许误差应符合混凝土或砂浆地面要求。应清除楼地面上的垃圾、浮灰、附着物，特别是油漆、涂料、油污等有机物必须清除干净。地面应平整、干燥、无杂物。

2. 铺设边界保温带和绝热层

在采暖房间所有墙、柱与楼（地）板相交的位置铺设边界保温带，边界保温带是指地板辐射采暖系统与墙、柱等构件间的绝热构造。边界保温带可用 8 ~ 10mm 厚、150 ~ 180mm 宽的聚苯乙烯条，也可用 150mm 或 180mm 宽的复合薄膜绝热产品。边界保温带允许有 5mm 可压缩量，边界保温带应高出精修地面标高。

绝热板铺设应平整，绝热层相互间搭接应严密。当设置保护层时，搭接处至少重叠 80mm，并宜用胶带粘牢。

3. 加热管敷设

安装加热管前应对管子的外观进行检查，并做水压试验。加热管应按设计图纸标定的管间距和走向敷设，加热管的敷设是无坡度的，管间距安装误差不应大于 10mm。弯曲管道时，不得出现“死折”。塑料管弯曲部分曲率半径不小于管道外径的 8 倍，复合管不小于管道外径 5 倍。埋设在填充层内的加热管不许有接头。施工验收后发现加热管损坏，需要增设接头时应先报建设单位或监理工程师，提出书面补救方案，经批准后方可实施。增设接头时，应根据加热管的材质，采用热熔或电熔插接式连接，或卡套式、卡压式铜制管接头连接，并应做好密封。加热管布置时，尽量避免穿越填充层的伸缩缝、沉降缝。若必须穿越时，应加装长度不小于 200mm 的柔性套管，套管比加热管大两号。加热管在分水器、集水器附近以及局部加热管密集区，当管间距小于100mm时，加热管应外包塑料波纹管。加热管在接至分水器、集水器出地面时，应加装硬质套管，套管应高出装饰面150～200mm。为了保护加热管，明露部分管道通常会加套聚氯乙烯（PVC）塑料管。

加热管固定方法有：①用扎带将加热管绑扎在铺设于绝热层上的钢丝网格上；②用固定管卡将加热管直接固定在绝热板或设有复合面层的绝热板上；③直接卡在铺设于表面的专用管架或管卡上；④直接固定于绝热层表面凸起间形成的凹槽内。加热管固定点的间距取决于管材、管道尺寸和系统形式，设计未要求时，直管段固定点间距宜为500～700mm；加热管弯头两端宜设固定卡，固定点间距200～300mm。

由于塑料地暖管的线性膨胀系数较金属管要大，设计中均采取了膨胀补偿措施，按规定设置伸缩缝，也称膨胀缝、分割缝。伸缩缝设置原则是：

（1）在与内外墙、柱及过门等交接处应留不间断的伸缩缝，伸缩缝连接处应采用搭接方式，搭接宽度不小于10mm。伸缩缝与墙、柱应有可靠的固定方式，与地面绝热层连接应紧密，伸缩缝宽度不宜小于10mm。伸缩缝宜采用聚苯乙烯或高发泡聚乙烯泡沫塑料。

（2）当地面面积超过30m^{2}或短边长超过6m时，沿长度方向按不大于6m间距设置伸缩缝，伸缩缝宽度不小于8mm。伸缩缝宜采用高发泡聚乙烯泡沫塑料或内填满弹性膨胀膏。

（3）伸缩缝应从绝热层的上边缘到填充层的上边缘整个截面上隔开。

4. 分、集水器安装

分、集水器安装可在加热管敷设前安装，也可在敷设管道回填细石混凝土后与阀门、水表一起安装。住宅建筑中，每户至少应设置一个分水器和集水器。分、集水器箱有明装和暗装等形式。每个分水器、集水器分支环路不宜多于8路，每个分支环路供回水管上均设置可关断阀门。同一热媒分、集水器系统各分支路的加热管长度宜尽量接近，一般为60～80m，并不宜超过120m。

在连接分、集水器前应对干立管进行清洗，直到进出水污浊度、色度一致为止。

当水平安装时，一般宜将分水器安装在上，集水器安装在下，中心距宜为200mm且集水器中心距地面不小于300mm。当垂直安装时，分、集水器下端距地面应不小于150mm。在分水器之前的供水连接管道上，顺水流方向应安装阀门、过滤器、阀门及泄水管。如须进行分户热计量时，热表应安装在过滤器之后。过滤器的主要作用是为了防止杂质堵塞热表和加热管，前后阀门的作用是供清洗过滤器和更换热表时关闭用。在集水器之后的回水连接管上，应安装泄水管并加装平衡阀或其他可关断调节阀。在分水器的总进水管与集水器的总出水管之间宜设置旁通管，旁通管上应设置阀门。旁通管设置在分水器总进水管的阀门之前和集水器出水管的阀门之后，主要目的是保证对采暖系统干立管冲洗时水不流经加热管。集水器、分水器上应设手动或自动排气阀。

5. 填充层施工

填充层施工在加热管系统试压合格后方能进行。填充层的细石混凝土浇捣时应掺入适量防止混凝土龟裂的添加剂。

细石混凝土在加热管加压工作压力（不应低于0.6MPa）状态下铺设，回填层凝固后方可泄压。系统初始加热前，混凝土填充层的养护期不应少于21天，养护过程中系统水压不应低于0.4MPa。填充层的养护期满后，不得向填充层楔入任何物件或剔凿填充层。

6. 水压试验和调试

（1）水压试验

水压试验应在系统水冲洗之后进行，水冲洗包括系统干、立管的冲洗和室内采暖系统管路的冲洗。浇捣混凝土填充层之前和混凝土填充层养护期满之后，应分别进行系统水压试验。水压试验压力为工作压力的1.5倍，但不得低于0.6MPa。采用手动泵缓慢升压，升压时间不得少于15min。在试验压力下，稳压1h，其压力降不超过0.05MPa，且不渗、不漏为合格。

（2）试热

试热条件是供、回水管全部水压试验合格，管道上的阀门、过滤器、水表经检查确认安装的方向和位置均正确，阀门启闭灵活。

系统调热时，缓慢升温，供水温度应控制在比当时的环境温度高10℃左右且不高于32℃。连续运行48h之后隔24h升温1次，每次升温3℃，直至达到设计水温。在此温度下，调节每一通路水温达到正常范围。采暖效果以房间中央距地1.5m温度作为评价依据。

（三）低温热水地面辐射采暖系统施工质量验收标准

主控项目：

（1）地面下敷设的盘管埋地部分不应有接头。

检验方法：隐蔽前现场查看。

（2）盘管隐蔽前必须进行水压试验，试验压力为工作压力的1.5倍，但不小于0.6MPa。

检验方法：稳压1h内压力降不大于0.05MPa且不渗、不漏。

（3）加热盘管弯曲部分不得出现硬折弯现象，曲率半径的规定为：①塑料管不应小于管道外径的8倍；②复合管不应小于管道外径5倍。

检验方法：尺量检查。

尺寸偏差要求：加热盘管管径、间距和长度应符合设计要求，间距偏差不大于±10mm。

检验方法：拉线和尺量检查。

四、分户热计量采暖系统安装

分户热计量采暖系统即以集中供热为前提，通过一定的供热调控和计量手段，实现用热量的按户计量与收费。

（一）住宅供热热计量设备

1. 热能表

热能表的工作原理是通过测量水流量及供、回水温度并经运算和累计得出某一系统使用的热能量。热能表由流量传感器（即流量计）、供回水温度传感器、热表计算器（也称积分仪）等部分组成，根据所计量介质的温度不同可分为热量表和冷热计量表，通常情况下都统称为热量表。热能表有机械式热能表、超声波式热能表、电磁式热能表等。将传感器和积分仪分开安装的热量表，称为分体式热量表。传感器和积分仪紧凑组合在一起的热量表，称为一体式热量表。热量表规格的选定不能以采暖系统接口管径为准，选定方法可参考相关书籍。

热量表安装要求是：

（1）热量表安装有方向性要求，必须按产品标明的水流方向安装。

（2）热量表应安装在等径直管段上，表前、表后有一定的直管段要求。表前、表后的直管段大于或等于10倍的管外径，表后的直管段大于或等于5倍的管外径。

（3）热量表前后应设置检修关断阀。对于户内系统，一般用分户隔离阀代替，并设置方便拆装的活接头；对于热力入口，应将关断阀设于过滤器、调节阀、压力表接口等所有须检修设备的外侧，并应设置泄水阀。

（4）热量表的安装、读数及周期检测和维护应预留一定的空间。当采用积分仪与流量计合为一体的紧凑式热表时应方便读数，否则应采用分体式热表，积分显示仪设于其他易于读数的位置。

（5）当热量表口径超过 *DN* 70 时，热量表前后管道均应设置稳固可靠的支撑。

（6）根据需要设置旁通管。一般情况下，检修在采暖间歇期进行，不必设置旁通管。

2. 热量分配表

热量分配表简称热分配表，有蒸发式和电子式两种。热分配表不是直接测量用户的实际用热量，而是测量每个住户的用热比例，由设于楼入口的热量总表测算总热量，采暖季结束后由专业人员读表，通过计算得出每户的实际用热量。

热分配表应安装于正面的平均温度处（散热器宽度的中间，垂直方向偏上 1/3 处），安装时采用夹具或焊接螺栓的方式使导热板紧贴在散热器表面。

3. 恒温阀

散热器恒温阀也称恒温控制阀、自力式温控阀，是实现采暖房间温度控制和采暖系统节能的重要部件。恒温阀形式有直通阀、角阀、三通阀，由控制阀和调温器两部分组成。恒温阀属于比例式控制器，即根据室温与恒温器设定值的偏差，按比例地、平稳地打开或关闭阀门。相应于恒温阀从全开到全关位置的室温变化范围称为恒温阀的比例带，通常比例带为 0.5~2.0℃。

一般来说，双管系统（水平或垂直）应采用直通高阻阀，单管系统设于供水支管时应采用直通低阻阀，设于三通处应采用三通低阻阀，楼层数较多的双管系统应采用带有预设定的恒温阀。恒温阀的比例带表征了恒温阀的调节精度，比例带选择过小，调节精度高，但容易造成阀门频繁动作，形成振荡，影响使用寿命；比例带过大，控制的稳定性提高，但控制精度降低。恒温阀选择依据是通过阀门的流量和压差。但由于散热器支管管径都较小，一般可按接管公称尺寸选择恒温阀口径，然后校核计算通过恒温阀的压力降。

恒温阀安装前应对管道和散热器进行彻底的清洗。热力入口必须安装过滤器。恒温阀应水平安装，水平安装是为了防止管道、阀体表面散热影响恒温阀及时正确地动作，以及防止重力作用对恒温阀感温介质的影响。恒温阀的温包应能正确感受房间内空气的温度，不被暖气罩、落地窗帘、家具等遮挡。采用带远程温感器或带遥控调节的调温器，注意其毛细管不能弯折压扁。恒温阀阀体安装有方向性。

4. 平衡阀

平衡阀是一种手动调节阀，具备流量测量、流量设定、关断、泄水等功能。平衡阀的流量测定是通过阀体上的两个测压小孔利用专用智能仪表进行的，使用时必须已知流经该平衡阀的设计流量。平衡阀可以安装在供水管路，也可以安装在回水管路，为了避免平衡阀的节流作用，一般安装在回水管路上。

一般所选平衡阀的口径小于接管公称尺寸，不能直接按管径选取。平衡阀前后应各有 5 倍和 2 倍管径长的直管段。

5. 自力式流量控制阀

自力式流量控制阀也叫流量调节器、流量限制器、定流量阀等，是无须外加能量即可工作的比例调节器，可使系统流量值在一定范围内保持恒定。通过手动调节可使阀门流量至设计流量。当阀前后压差偏离设计值，阀门自动调节机构可移动阀锥而使阀前后压差趋于恒定，从而保持流量不变，该压差不得小于阀门所需最小压差。定流量阀安装选用与平衡阀相同，必须已知设计流量值。

6. 自力式压差控制阀

自力式压差控制阀也叫压差调节器、定压差阀等，是以控制系统压差恒定为目的的自力式比例调节器，当系统压差升高时阀芯关小，反之则阀芯开大。调节器可以使超量的压差减小，直至达到预设定值。压差调节器须安装在回水管路上。调节器安装之前必须将管网清洗干净，并在阀前安装过滤器。阀门选择与平衡阀类似，必须已知设计流量及压差。

7. 锁闭阀

锁闭阀分两通式锁闭阀及三通式锁闭阀，具有调节、锁闭两种功能。根据使用要求，可为单开锁或互开锁。锁闭阀既可在供热计量系统中作为强制收费的管理手段，又可在常规采暖系统中利用其调节功能。当系统调试完毕即锁闭阀门，避免用户随意调节，维持系统正常运行，防止失调发生。

（二）分户水平式采暖系统形式

分户热计量采暖系统主要有垂直式系统和分户水平式室内采暖系统。垂直式系统主要用于采暖系统的供热计量改造，分户水平式采暖系统适用于新建住宅供热计量收费系统。在这里，我们仅讨论新建住宅分户计量供热系统形式。分户热计量户内系统形式有：

1. 下供下回式系统

（1）水平单管跨越式系统

户内采暖干管可以沿地面明装，可以暗敷在本层地面下沟槽或垫层内，或镶嵌在踢脚板内。明装管道过门时，应局部暗敷在沟槽内。各组散热器的进、出水管下供下回。各组散热器上设置恒温阀和跨越管，通过调节流经散热器和旁通管的流量比例，控制散热器散热量来调节室温。该系统特点是管路简单，可以分室控制温度，属于定流量系统，循环泵不节能，设置跨越管施工复杂程度提高，每组散热器需要设置放气装置。

（2）水平式双管系统

户内采暖供、回水干管暗敷在本层地面下沟槽或垫层内或镶嵌在踢脚板内。各层散热器的进、出水管下供下回。散热器温控阀可通过调节流经散热器的流量调节室温。该系统特点是室内明装管道少、美观，可以分室控制温度，属于变流量系统，节能，每组散热器需要设置放气装置，暗敷管道地面须设垫层且维修不便。

2. 上供上回式系统

户内采暖供、回水干管沿本层天花板下水平布置，各组散热器的进、出水管上供上回，分别连接在供、回水干管上。散热器温控阀可通过调节流经散热器的流量调节室温。该系统特点是施工、维修方便且节能，可以分室控制温度，属于变流量系统，各组散热器可不设排气装置而由供、回水干管末端设置的排气装置替代，顶板下敷设明装管道影响室内美观，需要设置吊顶加以装饰。

3. 放射式双管系统或低温热水地板辐射采暖系统

放射式系统是一种水平式双管系统。户内系统设分、集水器，通过分、集水器向各组散热装置供、回水，管道采用放射状布置暗埋在楼板垫层内。该系统特点是室内明装管道少、美观且节能，可以分室控制温度，属于变流量系统，每组散热器需要设置放气装置，暗敷管道地面须设垫层且维修不便，管路管材用量大。

（三）分户热计量采暖系统安装

1. 建筑物内公共采暖系统安装

建筑物内公共采暖系统由建筑物热力入口装置，建筑物内公共的供、回水水平干管和各户公共的供、回水立管组成。

（1）热水采暖系统热力入口安装

分户热计量热水集中采暖系统，应在建筑物热力入口处设置热量表、差压或流量调节装置、除污器或过滤器等。建筑物热力入口设置的热计量装置用于对整个建筑物用热量进行计量。设置分户热计量和室温控制装置的集中采暖系统；若户内系统为单管跨越式，应在热力入口安装流量调节装置，保证系统定流量，满足用户要求；若户内系统为双管系统，在热力入口安装差压控制装置，保证系统流量、压降为设计值。为了使热量表和系统不被污物堵塞，须在建筑物热力入口的热量表前设置过滤器。

热力入口安装的热量表选用原则是：当接管管径为 *DN* 50～*DN* 65 时，宜采用机械式旋翼流量计；当接管管径为 *DN* 80～*DN* 150 时，宜采用超声波流量计，也可采用机械式旋翼流量计；当接管管径≥ *DN* 200 时，宜采用超声波流量计。流量计和积分仪宜采用整体式热量表，也可采用分体式热量表。

热力入口装置除了设置在室外地沟内，还有的设置在地下室、建筑物单元入口楼梯下部或专用表箱中。

（2）立管安装

共用双立管一般布置在楼梯间管井内，不占房间使用面积且检修、读表方便，也可以布置在住户厨房、卫生间等处。每户从立管上接出入户进、出水管。其主立管顶端设置自动排气阀，管井内管道做保温处理。

2. 户内采暖系统安装

户内采暖系统由户内采暖系统入户装置，户内的供、回水管道，散热设备及室温控制装置组成。

（1）户内采暖系统入户装置安装

户内采暖系统入户装置包括供水管路上的锁封调节阀、滤网规格不低于60目的水过滤器、户用热量表以及回水管路上的锁封调节阀等。热量表安装分为户外及户内安装两种形式，当热量表安装于户内时，其锁闭阀应安装于户外。

（2）户内的采暖系统安装

户内的采暖管道以塑料管和复合管为主要管材。常用的暗装铺设管道有无规共聚聚丙烯（PP-R）管、聚丁烯（PB）管、交联聚乙烯（PE-X）管和交联铝塑（XPAP）管安装。

当明装管道为镀锌钢管，垫层内为无规共聚聚丙烯（PP-R）管或聚丁烯（PB）管时，垫层施工时可预留散热器接头施工槽。安装时，根据施工条件加专用管件（如弯头），专用管件一端与PP-R管或PB管热熔连接，另一端与专用过渡管件（一端带金属内螺纹接头）同样采用热熔连接。专用过渡管件再与镀锌钢管丝接。散热器连接后，按同材料将地面做平。当垫层内为交联聚乙烯（PE-X）管或交联铝塑（XPAP）管时，可将PE-X管或XPAP管伸出地面，通过内螺纹接头与镀锌钢管相连。

第三节　空调水系统安装技术

一、空调水系统概述

（一）基本概念

1. 冷冻水系统

冷冻水系统由冷水机组的蒸发器、冷冻水泵、膨胀水箱和冷冻水管路等构成，其作用是将冷源（或热源）提供的冷水（或热水）输送至空气处理设备。通常情况下，夏季供冷时冷水机组出水温度7℃，经换热后，回水温度12℃；冬季供热时，热源设备提供55~60℃热水。

2. 冷却水系统

当冷水机组或独立式空调机组采用水冷式冷凝器时，应设置冷却水系统。冷却水系统由冷水机组冷凝器、冷却水泵、冷却塔和冷却水管路等构成，其作用是将冷水机组冷凝器产生冷凝热通过冷却塔排放到大气中。通常情况下，冷却水供水温度32℃，回水温度37℃。

3. 冷凝水系统

冷凝水系统是指排放空气处理设备表冷器因结露形成冷凝水的管路系统。冷凝水管道宜采用聚氯乙烯塑料管或镀锌钢管，不宜采用焊接钢管。

4. 闭式系统和开式系统

闭式系统管路系统不与大气相接触。闭式系统水泵能耗低，管路与设备受腐蚀的可能性小，系统简单，但由于系统的补水需要和为满足由于温度变化时体积膨胀的需要，闭式系统需要设置膨胀水箱。

由于开式系统的管路与大气相通，所以循环水中含氧量高，容易腐蚀管路和设备，水质容易被空气中的污染物如灰尘、杂物、细菌等所污染，而且蒸发量大。与闭式系统相比，开式系统的水泵压头比较高，不仅要克服管路的沿程和局部阻力损失，还需要增加克服静水压力的额外能量，水泵能耗大。

在空调系统中，当采用风机盘管、诱导器等表面冷却器冷却空气时，冷冻水系统一般为闭式系统；当采用喷水室冷却空气时，冷冻水系统属于开式系统。而空调冷却水系统、冷凝水系统一般为开式系统。

（二）空调水系统形式

1. 异程式和同程式系统

同程式系统各并联环路管长相等，阻力大致相同，系统的水力稳定性好，流量分配均衡，可减少初次调整的困难，但初投资相对较大。

异程式系统管路配置简单，管材省，但各并联环路管长不等，存在着各环路间阻力不平衡现象，从而导致了流量分配不匀的可能性，增加了初次调整的困难。

在空调水系统中，风机盘管系统多采用同程式冷（热）水系统。对于高层建筑，特别是超高层建筑，还可以采用同程系统和异程系统相结合的方式，即竖向总管因管径通常较大，阻力损失相对较小宜采用异程式，而每层水平供、回水干管采用同程式。对于小型系统，则可以采用异程式，通过管路中设置的流量调节阀，调节各并联环路的阻力损失，使流量分配达到设计的要求。或者在各并联支管上安装流量调节装置，增大并联支管的阻力，异程式回水方式也可以达到令人满意的效果。

2. 定水量和变水量系统

定水量系统中的循环水量保持定值，或夏季和冬季分别保持两个不同的定值，该系统通过改变供回水温差来适应房间负荷的变化。定水量系统简单，投资少，不需要复杂的自控设备，但不能调节水泵水量，不利于节能。

在定水量系统中，负荷侧大部分采用三通调节阀。三通调节阀采用双位控制，即当室温没有达到设计值时，室温控制器使三通阀的直通阀座打开，旁通阀座关断，这时系统供水全部流经末端空调设备或风机盘管机组；当室温达到或超出设计值时，室温控制器使直通阀座关闭，旁通阀座开启，这时系统供水全部经旁通流入回水管系。

变水量系统则是保持供回水的温度不变，通过改变供水流量来适应房间负荷的变化。变水量系统输送能耗随负荷减少而降低，可以有效降低水泵的能耗，但系统复杂，初投资较高。

在变水量系统中，负荷侧通常采用双通调节阀进行调节。常用的两通阀也是双位控制的，即当室温没有达到设计值时，两通阀开启，系统供水按设计值全部流经风机盘管机组；当室温达到或超出设计值时，由室温控制器作用使两通阀关闭，这时系统停止向末端空调设备或风机盘管机组供水。由于变水量系统的管路内流量是随负荷变化而变化的，因此系统中水泵的总流量也随之改变。

3. 单式水泵系统和复式水泵系统

单式水泵系统是指冷（热）源侧与负荷侧共用一组冷（热）水循环泵的管路系统。单式水泵系统具有系统简单、初投资低的特点。但由于通过冷水机组的水流量低于设定值时，冷水机组不允许开启，因此水系统允许水流量变化范围有限，不适合变水量系统，不利于能耗节省。单式水泵系统也不能适用供应分区压降悬殊的情况。

冷（热）源侧和负荷侧分别配备水泵的管路系统，并在冷（热）源侧和负荷侧之间的供、回水总管上设有旁通管路和旁通阀，称为复式水泵系统。冷（热）源与旁通管形成循环回路中的水泵称为一次泵，设在负荷侧的水泵常称为二次泵。通常情况下，一次泵为定量泵并不节能，二次水泵可通过变频或其他方法改变转速而变流量运行，能节省输送能耗，能适用供水分区不同压降，但系统较复杂，初投资稍高。

中小型系统宜采用一次水泵系统。当系统阻力较大且各环路特性或阻力相差悬殊时，宜在空调水系统冷（热）源侧和负荷侧分别设置循环泵，即采用复式水泵系统。

4. 双管制、三管制和四管制系统

双管制系统是指夏季供冷水和冬季供热水合用同一管路系统。双管制系统管路简单，初投资低，但无法同时满足既供冷又供热的要求，只能按季节进行供冷和供热的转换。一般建筑物宜采用双管制系统。

三管制系统是指分别设置供冷水、供热水管路和换热器，但冷、热回水管路合用的管路系统。三管制系统能够满足同时供冷、供热的要求，但管路系统较两管制系统复杂、投资高，存在冷热混合损失。三管制系统一般很少采用。

四管制系统设有两根供水管、两根回水管和冷热两组盘管，构成供冷和供热彼此独立的两套水系统，能够同时满足供冷和供热的要求。四管制系统能够满足不同房间的空调要求，没有冷热混合损失，但初投资高，系统管路较为复杂。舒适性要求很高的建筑物可采用四管制系统。

二、空调水系统安装

（一）支管安装

空调设备的配管安装应在空调设备安装就位之后进行。

1. 空调机组的配管

空调机组的表冷器可并联使用，也可以串联使用。若表冷器或加湿器对空气气流方向是并联的，则冷热水管也应并联连接；反之，应为串联连接。空调机组与冷冻水供、回水的连接应按产品技术说明进行，无说明时，应保证空气与水流的逆流换热，冷冻水水管一般应采用下进上出的方式。

空调机组表冷段的配管方式有多种，施工时需要根据设计要求进行配管和管路上各类阀门的选配。为了有利于提高表冷器与空气的热冷交换效果，冷冻水的进水管应在表冷器的下侧接入，回水管在表冷器的上侧接出。在空调机组冷冻水进出水管路上应设置便于调节、检修和启闭使用的阀门，常用阀门有平衡阀、电动二通阀、合流电动三通阀、蝶阀等。

2. 风机盘管的配管

风机盘管管路有两管制、三管制和四管制，应根据设计确定。下面以两管制为例，介绍风机盘管的配管。

风机盘管供、回水支管须根据设计要求设置软性接头、阀门、过滤器等。风机盘管供回水阀以及水过滤器应靠近风机盘管机组安装，机组与支管连接时应有减振措施，宜采用弹性接管或软接管，其耐压值应大于或等于 1.5 倍的工作压力。一般情况下，冷冻水供、回水支管与风机盘管机组多采用不锈钢软管连接，冷凝水支管与风机盘管机组多采用透明塑料软管连接。安装时，软管连接不应有死弯或瘪管现象。

供、回水支管安装坡度和坡向应正确，若出现高点或出现局部高点，应设置排气阀排气。冷凝水水管坡度不小于1%，坡向应有利于冷凝水的排出，应保证水盘无积水现象。风机盘管通水应在其供、回水支管水冲洗达到要求后再进行。

3. 水泵的配管

一般情况下，每台水泵吸入管、压出管与泵体连接处，应设置可挠曲软接头或其他减振装置。可挠曲软接头、减振装置可以降低和减弱水泵的振动和噪声传递。球型橡胶减振软接头的工作压力一般按1MPa考虑（高层建筑按设计指定的工作压力值）。为了便于水泵的检修，在水泵的吸入管和压出管上应分别设置进口阀和出口阀，以利于关断时使用。对于进口阀，在通常情况下它是全开的，通常采用的是流动阻力小的手动闸阀。对于出口阀，由于启闭比较频繁，会选用电动、液动或气动阀门。出口阀除了水泵在检修时的关断作用外，它有调节流量的作用，对于空调水系统常采用蝶阀或截止阀，因为这种阀门在系统启动时能缓缓打开，可以防止因水快速流动而造成整个管路系统发生颤振现象。此外，水泵的出水管、吸水管上还应设置安装压力表的短管，短管长度150~200mm。压力表前安装表弯和旋塞阀。

4. 冷水机组的配管

施工时需要根据设计要求进行配管和管路上各类阀门的选配。一般情况下，每台冷水机组的冷冻水、冷却水供回水与机组连接处，应设置可挠曲软接头或其他减振装置，以降低和减弱机组的振动和噪声传递。在冷冻水、冷却水供回水管路上应设置便于调节、检修和启闭使用的阀门和检测用的压力表和温度计或温度、压力传感器。为了防止管路内杂质阻塞冷水机组的蒸发器和冷凝器，在冷冻水和冷却水进入冷水机组的管路上可设置水过滤器。

（二）冷凝水管安装

冷凝水管管材通常采用聚氯乙烯塑料管或镀锌钢管。冷凝水管径应按设计要求选用，一般情况下直接与空调器接水盘连接的冷凝水支管管径应与接水盘接管管径一致，冷凝水干管管径通常通过冷凝水的流量计算确定。采用镀锌钢管时，注意按设计要求采用防结露措施。采用聚氯乙烯塑料管时，一般可以不设防结露的绝热层。

冷凝水管安装时，应接入就近的卫生间、地漏等处进行排放，其水平管长度不宜过长，弯头不宜过多。冷凝水管安装应保持一定的坡度，设计无规定时，水平干管坡度宜大于或等于8%，水平支管宜大于或等于1%。冷凝水水平干管始端应设置清扫口。冷凝水管与设备连接处应设置软管接头，一般软管接头长度不超过150mm。冷凝水排放管接入排水管时应设置存水弯，冷凝水排放管接入污水管时应有空气隔断措施，冷凝水排放管不得接入雨水管和其他有压管道。

当空气调节设备的冷凝水盘位于机组正压段时，冷凝水盘的出水口应设置水封；位于机组负压段时，冷凝水盘的出水口应设置水封，水封高度应大于冷凝水盘处的正压或负压值。

三、空调水管施工质量验收标准

主控项目为：

（1）空调工程水系统的设备与附属设备、管道、管配件及阀门的型号、规格、材质及连接方式应符合设计规定。

检查数量：按总数抽查10%且不得少于5件。

检查方法：观察检查外观质量并检查产品质量证明文件、材料进场验收记录。

（2）管道安装应符合下列规定。

①隐蔽管道在隐蔽前必须经监理人员验收及认可签证。

②焊接钢管、镀锌钢管不得采用热煨弯。

③管道与设备的连接，应在设备安装完毕后进行，与水泵、制冷机组的接管必须为柔性接口。柔性短管不得强行对口连接，与其连接的管道应设置独立支架。

④冷热水及冷却水系统应在系统冲洗、排污合格（目测，以排出口的水色和透明度与入水口对比相近，无可见杂物），再循环试运行2h以上且水质正常后才能与制冷机组、空调设备相贯通。

⑤固定在建筑结构上的管道支、吊架不得影响结构的安全。管道穿越墙体或楼板处应设钢制套管，管道接口不得置于套管内，钢制套管应与墙体饰面或楼板底部平齐，上部应高出楼层地面20~50mm，并不得将套管作为管道支撑。保温管道与套管四周间隙应使用不燃绝热材料填塞紧密。

检查数量：系统全数检查。每个系统管道、部件数量抽查10%且不得少于5件。

检查方法：尺量、观察检查，旁站或查阅试验记录、隐蔽工程记录。

（3）管道系统安装完毕，外观检查合格后，应按设计要求进行水压试验。当设计无规定时，应符合下列规定。

①冷热水、冷却水系统的试验压力。当工作压力小于或等于1.0MPa时，为1.5倍工作压力但最低不小于0.6MPa；当工作压力大于1.0MPa时，为工作压力加0.5MPa。

②对于大型或高层建筑垂直位差较大的冷（热）媒水、冷却水管道系统宜采用分区、

分层试压和系统试压相结合的方法，一般建筑可采用系统试压方法。

分区、分层试压是对相对独立的局部区域管道进行试压。在试验压力下，稳压 10min 压力不得下降，再将系统压力降至工作压力，在 60min 内压力不得下降，外观检查无渗漏为合格。

系统试压是在各分区管道与系统主、干管全部连通后，对整个系统的管道进行系统试压。试验压力以最低点的压力为准，但最低点的压力不得超过管道与组成件的承受压力。压力试验升至试验压力后，稳压 10min 压力下降不得大于 0.02MPa，再将系统压力降至工作压力，外观检查无渗漏为合格。

③各类耐压塑料管的强度试验压力为 1.5 倍工作压力，严密性工作压力为 1.15 倍的设计工作压力。

④凝结水系统采用充水试验，应以不渗漏为合格。

检查数量：系统全数检查。

检查方法：旁站观察或查阅试验记录。

（4）阀门的安装应符合下列规定。

①阀门的安装位置、高度、进出口方向必须符合设计要求，连接应牢固紧密。

②安装在保温管道上的各类手动阀门，手柄均不得向下。

③对于工作压力大于 1.0MPa 及在主干管上起到切断作用的阀门，应进行强度和严密性试验，合格后方准使用。其他阀门可不单独进行试验，待在系统试压中检验。

强度试验时，试验压力为公称压力的 1.5 倍，持续时间不少于 5min，阀门的壳体、填料应无渗漏。

严密性试验时，试验压力为公称压力的 1.1 倍，试验压力在试验持续的时间内应保持不变，时间应符合规范的规定，以阀瓣密封面无渗漏为合格。

检查数量：1、2 款抽查 5%且不得少于 1 个。水压试验以每批（同牌号、同规格、同型号）数量中抽查 20%且不得少于 1 个。对于安装在主干管上起切断作用的闭路阀门，全数检查。

检查方法：按设计图核对、观察检查，旁站或查阅试验记录。

（5）补偿器的补偿量和安装位置必须符合设计及产品技术文件的要求，并应根据设计计算的补偿量进行预拉伸或预压缩。

设有补偿器（膨胀节）的管道应设置固定支架，其结构形式和固定位置应符合设计要求，并应在补偿器的预拉伸（或预压缩）前固定。导向支架的设置应符合所安装产品技术文件的要求。

检查数量：抽查 20%且不得少于 1 个。

检查方法：观察检查，查阅补偿器的预拉伸或预压缩记录。

第四节　空调水系统设备及冷水机组安装

一、水泵安装

（一）水泵安装工艺

1. 检查与验收

开箱检查：认真核对水泵的名称、型号、规格和技术性能参数，依据设备清单清点设备以及备件，检查设备说明书、产品质量合格证书与产品性能检测报告等随机文件是否齐全。检查水泵及其零、部件要求无损伤、锈蚀或其他缺陷。

对水泵进行手动盘车，检查其灵活性。

除小型管道泵可以将水泵直接安装在管道上而不做基础外，大多数水泵的安装需要设置混凝土基础。水泵安装前应对土建施工的基础进行复查验收，水泵基础应符合相应水泵产品样本中水泵安装基础图的要求。基础需要检查设备基础的位置、尺寸、高度及地脚螺孔位置和尺寸，应符合设计规定。设备基础表面应平整光滑，并清除地脚螺栓预留孔内的杂物。

2. 水泵的减振措施

当有减振要求时，水泵应配有减振设施，将水泵安装在减振台座上。减振台座是在水泵的底座下增设槽钢框架或混凝土板，框架或混凝土板通过地脚螺栓与基础紧固，减振台座下使用减振装置。常用的减振设施有以下几种。

（1）橡胶隔振垫

橡胶隔振垫由丁腈橡胶制成。橡胶隔振垫静态压缩量不能过大，一般在 10mm 以内。它是以剪切受力为主的隔振垫，具有耐油性好、抗老化能力强、适用范围广的特点。橡胶隔振垫可多层串联叠合使用。

水泵安装时，减振台座的各个边角下方垫有若干层橡胶隔振垫。减振垫安装时，按图集要求的规格和数量分别垫在水泵基础平衡板的四角及边下，减振垫应成对安装。再将水泵放置到减振台座上，减振台座与水泵间垫有耐热橡胶板。采用橡胶减振垫时，严禁把减振垫安装在水泵与基础之间，并把地脚螺栓穿减振垫把水泵与基础固定在一起。

（2）橡胶剪切减振器

选择橡胶减振器时，计算压缩变形量应按厂家提供的极限压缩量的1/3~1/2采用。设备的旋转频率与橡胶减振器垂直方向的自振频率之比应大于或等于3。

水泵安装时，按定位线放置橡胶剪切减振器，然后往减振器上放置减振台座，再将水泵安装到减振台座上。

（3）弹簧减振器

采用弹簧钢丝制作弹簧，单只或数只相同尺寸的弹簧或弹簧簇置于铸铁或塑料保护罩中制成弹簧减振器。弹簧减振器具有结构简单、刚度低、坚固耐用等特点。选择弹簧减振器时，设备的旋转频率与橡胶减振器垂直方向的自振频率之比应大于或等于2。

单个立式水泵安装不得采用弹簧减振器，当多台立式水泵合用一个混凝土基础平衡板或由型钢架构成的基础平衡板时，可以采用弹簧减振器。

当设备转速大于1200r/min时，宜采用橡胶、软木等弹性材料垫块或橡胶减振器；设备转速小于或等于1200r/min时，宜选用弹簧减振器。使用减振器时，设备重心不宜太高。

3. 水泵安装操作

水泵安装有整体安装和分体安装两种方式。水泵安装得好坏，对水泵的运行和寿命有重要影响。

（1）分体水泵的安装

泵在装配前，应首先检查零件主要装配尺寸及影响装配的缺陷，清洗零件后方可进行装配。

分体水泵安装时，应先安装水泵再安装电动机。水泵吊装可用吊车或三脚架和倒链滑车，钢丝绳系在泵体吊环上。水泵就位后找正找平，使水泵高度、水平及中心位置应符合设计要求。小型水泵的找正，一般用水平尺放在水泵轴上测量轴向水平，放在水泵进（出）口垂直法兰面上测量径向水平。大型水泵则采用水准仪和吊线法找正，然后进行泵体固定，最后安装电动机，使电动机联轴器与水泵联轴器对接，使水泵轴中心线与电动机轴中心线在同一水平线上。

（2）水泵的整体安装

整体安装时，首先清除泵座底面上的油腻和污垢，将水泵吊装放置在水泵基础上；通过调整水泵底座与基础之间的垫铁厚度，使水泵底座找正找平；然后对水泵的轴线、进出水口中心线进行检查和调整；最后进行泵体固定，用水泥砂浆浇灌地脚螺栓孔，待水泥砂浆凝固后，找平泵座并拧紧地脚螺栓螺母。

（二）水泵安装施工质量标准

（1）水泵的平面位置和标高允许偏差为±10mm，安装的地脚螺栓应垂直、紧固且与设备底座接触紧密。

（2）垫铁组放置位置正确、平稳，接触紧密，每组不超过 3 块。

（3）整体安装的泵，纵向水平偏差不应大于 0.1%，横向水平偏差不应大于 0.20%；解体安装的水泵，纵、横向安装水平偏差均不应大于 0.05%。水泵与电动机采用联轴器连接时，联轴器两轴芯的允许偏差，轴向倾斜不应大于 0.2%，径向位移不应大于 0.05mm。小型整体安装的管道水泵不应有明显偏斜。

（4）减振器与水泵及水泵基础连接牢固、平稳、接触紧密。

检查数量：全数检查。

检查方法：扳手试拧、观察检查，用水平仪和塞尺测量或查阅设备安装记录。

二、冷却塔安装

（一）冷却塔概述

冷却塔是在塔内使空气和水进行热质交换而降低冷却水温度的设备。冷却水自塔顶从上向下喷淋成水滴，形成水膜，而空气在塔体内由下向上或一侧进入塔体向上排出，水与空气的热交换越好，水温降低得就越多。空调用冷却塔常见的有玻璃钢逆流式（塔内空气和冷却水逆向流动）和玻璃钢横流式（塔内空气和冷却水垂直流动）两种。

（二）冷却塔安装工艺

1. 检查与验收

开箱检查：认真核对冷却塔的名称、型号、规格和技术性能参数，依据设备清单清点设备以及备件，检查设备说明书、产品质量合格证书与产品性能检测报告等随机文件是否齐全。检查冷却塔及其零、部件要求无损伤、锈蚀或其他缺陷。

若冷却塔使用混凝土基础时，混凝土基础设置应符合冷却塔样本中基础图的要求。设备基础的位置、尺寸、高度等应符合设计规定。冷却塔基础表面应平整光滑且必须保持在同一水平面内。

2. 冷却塔安装操作

冷却塔由于规格不同，有整机安装也有现场拼装。

（1）冷却塔的现场拼装

现场拼装冷却塔的安装包括主体拼装、填料的填充及附属部件的安装三个部分。

冷却塔的主体拼装时，各连接部位的紧固件应采用热镀锌或不锈钢螺栓和螺母。集水盘拼缝处应加密封垫片或糊同质材料以保证严密无渗漏。钢构件在安装中所有焊接处应做防腐处理。

冷却塔填料填充时，要求疏密均匀、间距均匀，应避免塌落和叠片现象。填料不得有穿孔破裂现象，填料与冷却塔内壁应紧贴，片体之间无空隙。填料装入后应禁止冷却塔的焊接操作。

冷却塔的附属部件安装包括布水器、通风设备、收水器以及消声装置等。布水器应位于冷却塔中心位置，分水器布水应均匀。冷却塔风机叶片端部与塔体的径向间隙应均匀一致，对于可调角度叶片的角度应一致。冷却塔的进出水口以及喷嘴方向和位置应符合设备技术条件或设计要求。

（2）冷却塔的安装

安装冷却塔塔脚与基础预埋钢板直接定位焊接，冷却塔也采用钢架支撑，钢构件在安装中应做好防腐处理。

冷却塔安装位置应符合设计要求，一般宜安装在通风良好的位置。冷却塔安装应参考冷却塔的运行质量参数，校核安装塔地面的承载能力。冷却塔安装前，应按照冷却塔样本提供的基础尺寸图表设置混凝土基础，并预埋钢板或预留地脚螺栓孔。冷却塔各支腿基础标高应位于同一水平面上，高度允许误差为±20mm，分角中心距误差为±2mm。安装时冷却塔塔脚与基础预埋钢板可直接定位焊接，也可以采用地脚螺栓连接。安装时放置应水平，不能倾斜，以免造成布水不均，影响冷却效果。水泵以及进出水管安装最高标高应低于冷却塔接水盘最低水位。

多台冷却塔并联使用时，应注意避免因并联管路阻力不平衡造成的水量分配不均现象。两台以上冷却塔并用时，接水盘须另配一连通管，并要求各台冷却塔水位同高。100mm 以上进出水配管与冷却塔连接时，宜用防振软管（高压胶管等），防止因管路振动而引起冷却塔的振动。

（三）冷却塔安装施工质量标准

（1）基础标高应符合设计的规定，允许误差为±20mm。冷却塔地脚螺栓与预埋件的连接或固定应牢固，各连接部件应采用热镀锌或不锈钢螺栓，其紧固力应一致、均匀。

（2）冷却塔安装应水平，单台冷却塔安装水平度和垂直度允许偏差均为 2%。同一冷却水系统的多台冷却塔安装时，各台冷却塔的水面高度应一致，高差不应大于 30mm。

（3）冷却塔的出水口及喷嘴的方向和位置应正确，积水盘应严密无渗漏，分水器布水均匀。带转动布水器的冷却塔，其转动部分应灵活，喷水出口按设计或产品要求，方向应一致。

（4）冷却塔风机叶片端部与塔体四周的径向间隙应均匀。对于可调整角度的叶片，角度应一致。

检查数量：全数检查。

检查方法：尺量、观察检查，积水盘做充水试验或查阅试验记录。

三、冷水机组安装

（一）冷水机组概述

空调系统中常用的冷水机组有压缩式冷水机组和吸收式冷水机组。压缩式冷水机组有活塞式冷水机组、螺杆式冷水机组、离心式冷水机组、涡旋式冷水机组等。

活塞式冷水机组由活塞式制冷压缩机、卧式壳管式冷凝器、热力膨胀阀和干式蒸发器组成，并配有自动能量调节和自动安全保护装置。活塞式冷水机组具有单机制冷量较小，容积效率比较高，冷量通过改变工作气缸数可实现跳跃式的分级调节，振动大，易损件多的特点。离心式冷水机组是由离心式制冷压缩机、冷凝器、蒸发器、节流机构和调节机以及各种控制仪表组成。离心式冷水机组具有单机制冷量较大，COP 值高，调节方便，冷量可在15%~100%之间实现无级调节，易损件少的特点。螺杆式冷水机组是由螺杆式制冷压缩机、冷凝器、蒸发器、热力膨胀阀、油处理设备以及自控元件和仪表等组成。螺杆式冷水机组具有结构紧凑，运行平稳，冷量可通过滑阀实现无级调节，易损件少的特点。

吸收式冷水机组主要由发生器、冷凝器、节流机构、蒸发器和吸收器等组成。吸收式制冷和压缩式制冷的机理相同，都是利用液态制冷剂在低压低温下吸热汽化而达至制冷的目的。但是在吸收式制冷装置中促使制冷剂循环的方法与压缩式不同，它是利用二元溶液在不同压力和温度下能释放和吸收制冷剂的原理进行循环的。因此，系统中必须具有制冷剂和吸收剂两种工质，常用的工质是 $LiBr-H_2O$ 溶液。常用的吸收式冷水机组有直燃型溴化锂制冷机等。

（二）冷水机组安装工艺

1. 检查与基础验收

开箱检查：认真核对冷水机组的名称、型号、规格和技术性能参数，依据设备清单清点设备以及备件，检查设备说明书、产品质量合格证书与产品性能检测报告等随机文件是否齐全。检查冷水机组及其零、部件要求无损伤、锈蚀或其他缺陷。

冷水机组基础常采用混凝土基础，要求有足够的强度、刚性和稳定性。为了防止振动和噪声通过基础和建筑结构传入室内，可以设置减振基础。由于冷水机组的机组类型以及规格型号的不同，其地脚螺孔等尺寸的差别较大，因此机组混凝土基础应符合产品样本中冷水机组安装基础图的要求。冷水机组安装前需要校核设备基础的位置、外形尺寸及地脚螺孔间距和深度、混凝土内的预埋件等。设备基础表面应平整光滑，并清除地脚螺栓预留孔内的杂物。

2. 冷水机组安装

（1）冷水机组布置原则

制冷机房内，冷水机组的布置和安装间距应符合施工图要求，应留有足够的检修空间。布置冷水机组一般原则是：

①布置冷水机组时，应使机组的操作面面向光线良好、操作和观测方便的方向。

②在同一机房内安装多台冷水机组时，应设法尽量排列成行（单行或双行均可），每行机组的操作面应保持在同一方向。

③同类型的机组应尽量布置在一起。

④压缩机曲轴及换热排管拔出端，应留有足够的空间，以便于检修时拔出。

（2）冷水机组的安装间距

①机房内主要操作通道的宽度为1.5~2.0m，非主要通道的宽度不小于0.8m。

②冷水机组不应紧贴墙壁布置，机组和墙的距离一般不小于1.0~1.5m。

③设备的外廓与开关柜或其他电气装置的距离为1.5m。

④多台冷水机组相邻安装时，两台设备间的距离应保持1.0~1.5m。

⑤冷水机组的基础高度一般应高出地面0.1m以上。

⑥机房高度。五台机组以上的大型冷冻机房，地面至梁底的高度应在4.5m以上；四台机组以下的中小型冷冻机房，地面至梁底的高度约为3.5~4.5m；小型冷水机房，地面至梁底的高度约为3~3.5m。

（3）设备清洗

对于油封的制冷压缩机，如果是在设备技术文件规定期限内且外观完好、无损坏和锈蚀的情况下，通常需要拆卸缸盖、活塞、气缸内壁、吸排气阀及曲轴箱等清洗干净，确保油路畅通，并需要检查所有紧固件，更换曲轴箱内的润滑油。若超过设备技术文件规定期限，或机体存在损伤和锈蚀等现象，则需要全面检查，并按技术文件的规定进行拆洗装配。

对于充有保护性气体或制冷工质的机组，如果是在设备技术文件规定的期限内，充气压力未变化且外观完好，可不做压缩机内部拆洗，仅做外表擦洗。如需要内部拆洗，其清洗的范围与油封制冷压缩机相同。

对于半封闭离心式压缩机，一般可不做解体清洗，但应把油箱、油路清洗干净，保证油路处于畅通状态。

冷水机组中的浮球阀和过滤器均应检查和清洗。

机组清洗须拆卸零部件时，应测量被拆卸件的装配间隙及有关零部件的相对位置，并做出标记和记录。

（4）设备安装操作

按建筑物的定位轴线对设备的纵横中心线放线定位，利用吊车、铲车、人字架以及倒链等机械使机组就位。为了防止振动和噪声通过基础和建筑结构传入室内，可以采用减振基础，也可以在安装机组时设置隔振垫。冷水机组在上位和找正后，进行设备的初平。初平过程中，通常使用垫铁调整设备水平度。初平是将设备的水平度调整到接近要求的程度，尔后待设备地脚螺栓灌浆并清洗后，再进行精平。精平是在初平的基础上对设备水平度的精确调整，要求其机身纵、横向水平度达到施工质量验收规范或设备技术文件的要求。

活塞式制冷机组安装要求是：整体安装的活塞式制冷机组，其机身纵、横向水平度允许偏差为0.2%。活塞式制冷机组辅助设备安装要求为：①制冷机的辅助设备，单体安装前必须吹污，承压辅助设备应有厂方强度试验合格证，在技术文件规定的期限内，设备无损伤和锈蚀，可不做强度试验，否则，应做强度试验；②辅助设备安装位置应正确，各管口必须畅通；③立式设备的垂直度，卧式设备的水平度允许偏差均为1%；④卧式冷凝器、管壳式蒸发器和储液器，应坡向集油的一端，其倾斜度为1%~2%；⑤储液器及洗涤式油氨分离器的进液口均应低于冷凝器的出液口；⑥直接膨胀表面式冷却器，表面应保持清洁、完整，安装时空气与制冷剂应呈逆向流动，冷却器四周的缝隙应堵严，冷凝水排出应畅通；⑦卧式及组合式冷凝器、储液器在室外露天布置时，应有遮阳与防冻措施。

螺杆式制冷机组安装要求是：①机组安装应对机座进行找平，其纵、横向水平度允许偏差均为0.1%；②机组接管前，应先清洗吸、排气管道，合格后方能连接，接管不得影响电动机与压缩机的同轴度。

离心式制冷机安装要求是：①机组应在压缩机的机加工平面上找正水平，其纵、横向水平度允许偏差均为0.1‰；②基础板底应平整，底座安装应设置隔振器，隔振器压缩量应均匀一致。

溴化锂吸收式制冷机组安装要求：①机组就位后，其纵、横向水平度允许偏差均为

0.5%，双筒吸收式制冷机应分别找正上、下筒的水平；②机组配套的燃油系统等安装应符合产品技术文件的规定。

模块式冷水机组安装要求是：①机组安装应对机座进行找平，其纵、横向水平度允许偏差均为0.1%；②多台模块式冷水机组单元并联组合应牢固地固定在型钢基础上，连接后模块机组外壳应保持完好无损，表面平整，接口牢固；③模块式冷水机组进、出水管连接位置应正确，严密不漏；④机组找平可用框式水平仪等仪器在选定的精加工平面上测量纵横方位水平度，此平面也可用来测量机组标高。

第五章　通风空调工程风系统施工安装

第一节　通风空调系统风管安装技术

风管系统安装应依据设计图纸和施工质量验收规范进行。设计图纸一般包括图纸部分和文字部分，其中文字部分包括设计施工说明、设备及主要材料表等内容，对统一的规定、风管材料及加工方法、支吊架要求、减振、保温等做出具体说明。

风管的安装宜在建筑物围护结构施工完毕、安装部位和操作场所清理后进行。净化空调风管安装应在安装部位的地面已做好，墙面抹灰工序完毕，室内无飞尘或有防尘措施后进行。

一、风管安装操作技术

（一）金属风管的安装

1. 金属风管的支吊架安装

风管吊托支架是通风和空调风管固定和保证运行稳定的部件，它是风管安装的第一道工序。其吊托支架结构形式和安装部位在保证牢固、可靠和符合质量验收规范的前提下，根据设计要求、现场情况和标准图纸选定。

风管支、吊架宜按国标图集与规范选用强度和刚度相适应的形式和规格。对于直径大于2000mm或边长大于2500mm的超宽、超重等特殊风管的支、吊架应按设计规定。

金属风管支、吊架的防腐工作应在下料预制后进行，包括油漆涂刷前的除锈和涂刷防锈漆。风管预埋件埋入部分应除锈、除油污，但不得涂漆，支、吊架外露部分应做防腐处理。

（1）金属风管支、吊架的位置和间距

风管一般沿墙、楼板或靠柱子敷设。当水平通风管道沿侧墙敷设时，经常采用托架来支承风管，托架主要有悬臂支架或斜撑支架的支撑形式。沿柱子敷设时，可把托架固定在柱子上。当对于不靠墙、柱安装的水平风管时，宜用托底吊架。对于有减振要求的场合，宜采用弹性吊架。靠墙安装的垂直风管经常采用悬臂托架或管卡支撑，对于不靠墙、柱安装的垂直风管宜采用抱箍吊架。风管支、吊架不宜设置在风口、阀门、检查门及自控机构处，离风口或插接管的距离不宜小于200mm。吊架的螺孔应采用机械加工。吊杆应平直，螺纹完整、光洁。安装后各副支、吊架的受力应均匀，无明显变形。风管或空调设备使用的可调隔振支、吊架的拉伸或压缩量应按设计的要求进行调整。

金属风管（含保温）水平安装时，其吊架的最大间距应符合以下规定：对于水平安装矩形风管和纵向咬口圆形风管，其风管长边长或直径小于或等于400mm时，其间距不超过4m；大于400mm时，其间距不超过3m。对于螺旋咬口圆形风管，其风管直径小于或等于400mm时，其间距不超过5m；大于或等于400mm时，其间距不超过3.75m。对于薄钢板法兰的风管，其支、吊架间距不应大于3m。风管垂直安装时，其支架间距不应大于4m，长度大于或等于1m，单根风管至少应设置两个固定点。对于柔性风管，其支、吊架间隔宜小于1.5m。

各类通风管道安装间距除满足相关规定外，设置风管吊托支架的位置还有：①风管转弯处两端应加设吊托支架；②穿楼板和穿屋面处应加设加固支架；③风管始端与通风机、空调机组及其他振动设备连接处应设置吊托支架；④与干管连接的支管长度较长时，支管上应设置吊托支架。

（2）金属风管支、吊架的安装要求

矩形风管立面与吊杆的间隙不宜大于150mm，吊杆距风管末端不应大于1m。水平弯管在500mm范围内应设置一个支架，支管距干管1.2m范围内应设置一个支架。当水平悬吊的主、干风管长度超过20m时，应设置防止摆动的固定点，每个系统不应少于1个。柔性风管的吊卡箍宽度应大于25mm。

支架用型钢的规格尺寸可以根据吊架载荷分布图和公式，依据吊架允许的挠度（挠度不应大于9mm）进行校核计算。

为了防止圆形风管变形，圆形风管与支架接触时应垫木块，保温风管的垫块厚度与保温层的厚度相同。矩形保温风管的支、吊装置宜放在保温层外部，但不得损坏保温层。为了产生“冷桥”可能造成的冷（热）量损失和出现结露问题，矩形保温风管不能直接与支、吊托架接触，风管壁与支、吊架之间必须衬垫坚固隔热层或硬木垫，其厚度与保温层相同。

由于不锈钢与其他金属材料接触后会发生电化学腐蚀，因此应避免不锈钢风管与其他金属材料制品接触。在不锈钢板与碳素钢支架的横担接触处，应采取防腐绝缘处理，如垫塑料板、橡胶板等非金属片，或者在碳素钢支架上喷涂防锈底漆和绝缘漆，防止电化学腐蚀。托、吊架的抱箍，也应按设计要求做好防腐绝缘处理。不锈钢风管法兰连接的螺栓，宜用同材质的不锈钢制成，如用普通碳素钢，应按设计要求喷涂涂料。

为了避免产生电化学腐蚀，应避免铝板或铝合金板与铁、铜等金属直接接触。铝板风管与碳素钢支架的横担接触处，应采取防腐绝缘处理，防止电化学腐蚀。托、吊架的抱箍，也应按设计要求做好防腐绝缘处理。

2. 金属风管的预制

风管主要利用油漆的漆膜将金属板材表面与周围的空气、水分、腐蚀性介质隔离，保护金属表面不受腐蚀。油漆喷涂前应对金属表面的污物、锈层、尘土等杂物进行清除，在通风与空调工程中常采用手工或机械除锈，手工除锈主要使用钢丝刷、钢丝布和粗砂布。

油漆涂刷时，一般情况下温度应不低于5℃，相对湿度不大于85%。通常情况下镀锌钢板、铝板和不锈钢板可不涂防腐油漆。如果镀锌钢板镀锌层由于受潮已有泛白现象，或在加工中镀锌层损坏以及在净化工程中需要，才涂刷防腐油漆。

对于普通钢板风管，需要刷防腐油漆。一般做法是：

（1）对于输送空气介质不含尘、温度≤70℃的普通钢板风管，风管内表面涂刷防锈底漆两遍，外表面不保温时涂刷防锈底漆一遍，喷涂面漆两遍，外表面保温时涂刷防锈底漆两遍。

（2）对于输送空气介质不含尘，温度>70℃的普通钢板风管，风管内表面涂刷耐热漆两遍，外表面涂刷耐热漆两遍。

（3）对于输送含尘空气介质的普通钢板风管，风管内表面涂刷防锈底漆一遍，外表面不保温时涂刷防锈底漆一遍、面漆两遍，外表面保温时涂刷防锈底漆两遍。

（4）对于输送含腐蚀性介质的普通钢板风管，风管内表面涂刷耐酸底漆两遍、耐酸面漆两遍；外表面不保温时涂刷耐酸底漆两遍、喷涂耐酸面漆两遍；外表面保温时，涂刷耐酸底漆两遍。

3. 金属风管的连接

金属风管与风管的连接可采用无法兰连接和法兰连接两种方式。无法兰连接具有省料、省工的特点，而法兰连接便于安装和拆卸，并能起到增加风管强度的作用。

（1）无法兰连接

采用C、S形插条连接的矩形风管，其边长不应大于630mm。插条与风管加工插口的宽度应匹配一致，其允许偏差为2mm。连接应平整、严密，插条两端压倒长度不应小于20mm。采用立咬口、包边立咬口连接的矩形风管，其立筋的高度应大于或等于同规格风管的角钢法兰宽度。同一规格风管的立咬口、包边立咬口的高度应一致，折角应倾角、直线度允许偏差为5%。咬口连接铆钉的间距不应大于150mm，间隔应均匀。立咬口四角连接处的铆固，应紧密、无孔洞。

风管无法兰连接的安装要求是：①风管的连接处应完整无缺损、表面应平整，无明显扭曲；②承插式风管的四周缝隙应一致，无明显的弯曲或褶皱，内涂的密封胶应完整，外粘的密封胶带应粘贴牢固，完整无缺损；③薄法兰形式风管的连接：弹性插条、弹簧夹或紧固螺栓的间隔不应大于150mm，且分布均匀无松动现象；④插条连接的矩形风管：连接后的板面应平整、无明显弯曲；⑤密封胶涂抹均匀、严密、牢固。

（2）法兰连接

金属风管的法兰连接是工程中经常采用的连接方式。不锈钢风管法兰最好也是同材质制作，若条件不允许，则需要采取喷刷涂料等防腐绝缘措施。当铝板风管法兰采用普通碳素钢法兰时，法兰应镀锌或做防腐绝缘处理。铆接时应用铝铆钉，法兰连接应采用镀锌螺栓，并在法兰两侧垫上镀锌垫圈。中、低压系统金属风管法兰的螺栓及铆钉孔的孔距不得大于150mm，高压系统风管不得大于100mm。

为保证法兰接口的严密性，法兰之间应有垫料。法兰衬垫的厚度一般以3~5mm为宜，一副法兰之间不可垫双垫或多垫。法兰垫料内径不能小于管子内径，以免增大流动阻力和增加管内结垢，法兰垫料不应凸出法兰外。对垫料的要求是应具有不燃或难燃性能，对风管的材质无不良影响并具有不吸水、较好弹性、良好气密性能。垫料应尽量减少接头，接头应采用梯形或榫型连接，并涂胶粘牢。中、高压系统风管两法兰间对口插接时，应加密封垫或采取其他密封措施。

4. 金属风管安装技术

（1）金属风管安装要求

①风管内严禁其他管线穿越。

②风管水平安装，水平度的允许偏差每米不应大于3mm，总偏差不应大于20mm；风管垂直安装，垂直度的允许偏差每米不应大于2mm，总偏差不应大于20mm。暗装风管位置正确，无明显偏差。

③风管材质、规格尺寸、位置、标高、走向应符合设计要求。

④风管应顺气流方向插入风道，接口处应采取密封措施。

⑤输送空气温度高于80℃的风管，应按设计规定采取防护措施。

⑥风管测定孔数量符合设计要求，若设计未规定，应符合规范要求。风管测孔应设置在不产生涡流区且便于测量和观察的部位，吊顶内风管测定孔的部位应留有活动吊顶板或检查门。

（2）金属风管就位

风管就位可以采用整体吊装，也可以分节吊装。风管吊装前应对连接好的风管平直度及支管、阀门、风口等的相对位置进行复查，并应进一步检查支、吊架的位置、标高和强度，确认无误后按照先干管后支管，先水平后垂直的顺序进行安装。

整体吊装时，吊点设置可根据风管壁厚、连接方式、风管截面形状综合考虑，吊点间距宜为5~7m。无法兰连接、薄壁、矩形风管的吊点应适当缩短。吊点应设在梁、柱等坚固的结构上，对于无合适锚点的情况，应专门设立桅杆。矩形风管四角应加垫护角或质地较软的材料，圆形风管绑扎不宜选在法兰处。对于水平风管整体吊装，宜选用多吊点吊装。吊装过程中每吊一定高度应进行一次平衡，以免使风管断裂。风管吊装就位后，应固定吊架，后去吊具，最后找平找正。对于垂直风管整体吊装，不宜多设吊点。吊装前宜将风管进行临时加固，在风管中段设吊点。起吊一定高度后，旋转风管成垂直状态。

风管受安装条件的限制不易整体吊装时，应采用分节吊装。分节吊装时，风管可在地面连成不大于6m的管段，并应在风管安装位置搭设脚手架或升降操作平台等，就位一段，安装一段，逐段进行。

（3）金属风管安装技术要点

当边长小于或等于630mm支风管与主风管连接时，迎风面应有30°斜面或及R = 150mm弧面。连接方式可以采用S形咬接式，连接四角处做密封处理；也可以联合角咬接式，同样是连接四角处做密封处理；还可以采用法兰连接式，主风管内壁处上螺钉前应加扁钢垫并做密封处理。

风管与土建竖井连接时，风管插入竖井，插入深度≤10mm，风管壁与洞口之间的间隙为50mm，间隙内填充不燃材料，间隙外侧采用20mm水泥砂浆密封。当厨房、浴室和卫生间的排风支管与土建竖井连接时，应设置防回流措施。若土建竖井上接风管或下接风管，可利用膨胀螺栓将风管法兰与土建竖井予以固定，法兰垫料可采用10mm耐热橡胶垫。

风管穿越需要封闭的防火、防爆的墙体或楼板时，应设预埋管或防护套管，其钢板厚度不应小于1.6mm。风管与防护套管之间的间隙要求为50mm，应用不燃且对人体无危害的柔性材料封堵。风管穿越楼板时，风管与角钢框铆接固定，必要时应设防火阀。防火阀与防火墙（楼板）之间的风管壁厚应采用≥2mm的钢板制作，风管外用耐火的绝热材料隔热。

水平风管穿越伸缩缝时，应设置防火柔性管，并在伸缩缝两端各设置一个防火阀。

风管穿屋面时，应设置防雨装置。直风管穿越屋面，应由下向上穿入，上端法兰应在防雨罩装好后装配。防雨罩应将孔洞罩严，防雨罩与风管的连接部位应用石棉绳等防水材料密封。室外或屋面安装的立管，防止风管被吹倒，当立管高度高出屋面 1.5m 时，应采用井架或拉索固定，拉索不应少于 3 根。拉索可固定在屋面板上预留的拉索座上，注意不得固定在风管法兰上和拉在避雷针上。

矩形风管弯管采用内斜线和内弧形时，其平面边长大于 500mm 时，必须采用设置导流片的弯管。

（4）除尘系统风管安装特点

由于除尘系统风管中流动的空气带有粉尘，容易堵塞和磨损风管，所以安装时应注意除尘系统中的风管应尽量减少气流阻力，具体措施包括：增加风管弯头的曲率半径，一般为风管直径的 2~2.5 倍。风管变径管（渐扩管或渐缩管）变径节的长度应为变径管两端直径差的 5 倍以上。风管宜垂直或倾斜敷设，与水平夹角宜大于或等于 45°，小坡度和水平管应尽量短，以使底部的积尘能自动滑下。水平吸尘管道的坡度宜为 1%~3%，并应坡向立管或吸尘点。

（5）净化空调工程风管安装特点

净化空调系统与一般空调系统相比，施工的关键是保证风管系统清洁和密封。净化空调系统对风管与部件清洁度、无油污、无浮尘的要求更高，风管与附件连接有更严格的严密性和密封性要求，风管与洁净室吊顶、隔墙等围护结构的接缝处应加设密封垫料或密封胶。施工间歇和施工完成后有严格的成品防护和防污染规定。

对风管的安装要求是：风管的安装应在建筑物内部的地面、墙面、门窗等已做好且室内打扫干净或有防尘措施的条件下进行，所有风管、配件、设备等在安装前必须清洗并将端口用塑料薄膜加以封闭保护，安装时才允许拆开管道端口的封膜，安装过程暂停时应封好端口。净化风管连接处密封应严密，风管的法兰垫料应为不产生灰尘、不易老化且具有一定强度和弹性的材料，厚度 5~8mm，不得使用乳胶海绵，严禁在垫料表面刷涂涂料。风管安装之后、保温之前应进行漏风量的检查。

（二）硬聚氯乙烯风管安装

1. 硬聚氯乙烯风管的支、吊架

硬聚氯乙烯风管水平安装时，其吊架最大间距的规定为：当风管长边长小于或等于 400mm 时，其间距不超过 4m；当风管长边长等于 400mm 而又小于 2000mm 时，其间距不超过 3m。

安装硬聚氯乙烯风管时，以吊装为主，也可采用支架。风管与金属支、吊架之间应加垫厚 3~5mm 的塑料垫片，并黏接牢固。由于塑料线膨胀系数大，风管与抱箍之间也应有一定间隙，以便于风管伸缩。

2. 硬聚氯乙烯风管的加固

硬聚氯乙烯风管的直径大于500mm或长边长大于400mm时，其风管与法兰的连接处应设加强。

3. 硬聚氯乙烯风管的连接

硬聚氯乙烯风管的连接方式有焊接、套管连接、承插连接和法兰连接。直径小于或等于200mm圆形风管采用承插连接时，插口深度宜为40~80mm。采用套管连接时，套管长度宜为150~250mm，其厚度不应小于风管壁厚。非金属风管法兰的螺栓及铆钉孔的孔距不得大于120mm。矩形风管法兰的四角部位应设有螺孔，硬聚氯乙烯板风管法兰间衬垫应采用3~6mm的软聚氯乙烯板或耐酸橡胶板，法兰连接应采用镀锌螺栓或增强尼龙螺栓，螺栓与法兰接触处应加硬聚氯乙烯板或镀锌垫圈。

4. 硬聚氯乙烯风管安装要求

硬聚氯乙烯风管安装要求与金属风管安装要求基本相同，但是硬聚氯乙烯风管性脆易裂，安装与存放时要特别注意，硬聚氯乙烯风管宜分节安装。由于塑料线膨胀系数大，当硬聚乙烯风管较长，工作温度与周围温度差异较大时，应每隔15~20m设软聚氯乙烯板制作的伸缩节或软接头。

硬聚氯乙烯风管穿越侧墙时，也应设置金属套管等保护套，并留有5~10mm间隙。保护套管板厚应符合金属风管板材厚度的规定，墙与套管间用耐酸水泥填满。穿越楼板时，应设置保护圈。

（三）复合材料风管的安装

1. 复合风管的支、吊架

酚醛铝箔复合板风管与聚氨酯铝箔复合板风管垂直安装的支架间距不应大于2.4m，每根立管的支架不应少于两个。玻璃纤维复合板风管垂直安装的支架间距不应大于1.2m。

2. 复合风管的加固

复合风管的加固可采用角钢或U型、UC型镀锌吊顶龙骨外加固或内支撑式加固。

风管的角钢法兰或外套槽形法兰可视为一纵（横）向加固点。其余连接方式的风管，其边长大于1200mm时，应在法兰连接的单侧方向长度250mm内，设纵向加固。

3. 复合风管安装要求

硬聚氯乙烯风管安装要求与金属风管安装要求基本相同。复合风管穿越封闭的防火、防爆的墙体或楼板时，应采用金属风管或埋设壁厚不小于 1.6mm 的防护套管，风管与防护套管之间采用不燃柔性材料封堵，具体做法同硬聚氯乙烯风管。

（四）无机玻璃钢风管的安装

无机玻璃钢风管和配件是由专门的玻璃钢厂家用专用胎膜制作而成。成形的无机玻璃钢风管或部件是与法兰连接成整体的，无须另配法兰盘，安装时在玻璃钢法兰上加工螺栓孔，连接法兰的螺栓两侧应加镀锌垫圈。无机玻璃钢风管的加固应为本体材料或防腐性能相同的材料，并与风管成一整体。

无机玻璃钢风管垂直安装的支架间距应小于或等于 3m，每根立管的支架不应少于两个。一般每节风管应有一个或一个以上的支、吊架。

无机玻璃钢风管的连接形式有法兰连接和承插连接。安装无机玻璃钢风管时，应注意管材不能露天存放，避免雨淋日晒。在运输和安装过程中，注意不要碰撞和扭曲。无机玻璃钢风管比薄钢板风管质量大，应通过计算确定支架尺寸。注意加大玻璃钢风管的支、吊架与风管的受力接触面，防止风管变形。

（五）柔性短管的安装要求

在通风与空调工程中，柔性短管常用于风机、空气处理机、风机盘管等设备与送回风管连接处，起到减振的作用，也可用于通风与空调系统的支风管与送回风口的连接部位。常用柔性短管有帆布（或挂胶帆布）柔性软管、塑料布柔性软管、铝箔软管等，帆布和塑料布柔性软管长度一般在 150~300mm，用于支管安装的铝箔软管长度应小于 5m。

柔性短管安装时，多采用抱箍将风管与法兰固定，安装要求是松紧适度，无明显扭曲，并不应有死弯或塌凹。柔性短管安装后，应保证其有大于或等于 60%的伸展度。

二、风管系统的严密性检查

风管系统安装完毕后，必须进行严密性检查，合格后方能交付下道工序。在风管系统严密性检查中，以总管和干管为主，漏风量和抽检率应符合设计要求和规定。

（一）漏风量和抽检率的规定

1. 允许漏风量的规定

矩形风管允许漏风量为：

（1）低压系统风管（$P \leqslant 500\text{Pa}$）的漏风量为

$$Q_L \leqslant 0.1056P^{0.65} \tag{5-1}$$

（2）中压系统风管（500Pa< P ≤1500Pa）的漏风量为

$$Q_M \leq 0.0352P^{0.65} \quad (5-2)$$

（3）高压系统风管（ P >1500Pa）的漏风量为

$$Q_H \leq 0.0117P^{0.65} \quad (5-3)$$

式中：P ——风管系统工作压力；

Q_L、Q_M、Q_H ——为相应工作压力下，单位面积风管单位时间内允许漏风量，$m^3/(h \cdot m^2)$。

对于低压和中压圆形金属风管、复合材料风管的允许漏风量应为矩形风管规定值的50%；对于砖、混凝土风道的允许漏风量不应大于矩形低压系统风管规定值的1.5倍；对于排烟、除尘、低温送风系统按中压系统风管的规定；对于净化空调系统风管，1~5级净化空调系统按高压系统风管的规定，6~9级系统按风管系统的实际工作压力确定。

2. 漏风量抽检率规定

低压风管系统在通风与空调工程中占有较大的比例，通风、排气和舒适性空调系统多数为低压风管系统，它们对系统严密性要求相对较低，漏风量检验的抽检率为5%，但不得少于1个系统。中压系统风管多数为低级别的净化系统和恒温恒湿与排烟系统，对风管质量有较高的要求，漏风量检验应在漏光检测合格后，对系统漏风量测试按20%抽检且不得少于1个系统。高压系统风管的泄漏对系统的正常运行会产生较大的影响，严密性检验为全数进行漏风量检试。

被测系统的漏风量超过设计和规范的规定时，应查出漏风部位，做好标记。修补完工后，重新测试，直到合格。

（二）检测方法

1. 漏光法检测

漏光法检测是利用光线对小孔的强穿透力，对系统风管严密程度进行检测的方法。在加工工艺得到保证的前提下，低压风管系统可采用漏光法检测。检测方法是采用具有一定强度的安全光源，手持移动光源可采用不低于100W带保护罩的低压照明灯，光源可置于风管内侧或外侧，但其相对侧应为暗黑环境。光源沿被测接口或接缝缓慢移动，另一侧有光线射出，则为漏风处，做好记录。低压系统风管以每10m接缝漏光点不大于2处且100m接缝平均不大于16处为合格。中压系统风管每10m接缝漏光点不大于1处且100m接缝平均不大于8处为合格。检测不合格时，应按规定的抽检率做漏风量测试。对于条缝形漏光，应做密封处理。

2. 测试装置检测

漏风率测试采用专用测试仪器时，应采用经检验合格的专用测试仪器。正压或负压系统风管的漏风量测试分正压试验和负压试验两类。一般工程通常采用正压条件下的测试来检验，测量装置可采用风管式或风室式。

风管式漏风量测试装置由风机、连接风管、测压仪器、整流栅、节流器和标准孔板等组成。漏风量测试装置的风机风压和风量选择分别大于被测定系统或设备的规定试验压力及最大允许漏风量的 1.2 倍。采用标准孔板做计量元件，孔板 β 值范围为 0.22~0.7（$\beta = d/D$），孔板至前、后整流栅及整流栅外直管段距离，应分别符合大于 10 倍和 5 倍圆管直径 D 的规定。漏风量测试装置试验压力的调节可采用调整风机转速的方法，也可采用控制节流装置开度的方法。压差测定应采用微压计。其漏风量值必须在系统经调整后，保持稳压的条件下测得。

风管式漏风量测试装置漏风量计算为

$$Q = 3600\varepsilon\alpha A_n\sqrt{\frac{2}{\rho}\Delta P} \tag{5-4}$$

式中：Q ——为漏风量，m^3/h；

ε ——为空气流束膨胀系数；

α ——为孔板的流量系数；

A_n ——为孔板开口面积，m^2；

ρ ——为空气密度，kg/m^3；

ΔP ——为孔板压差，Pa。

风室式漏风量测试装置由风机、连接风管、测压仪器、均流板、节流器、风室、隔板和喷嘴等组成。测试装置采用标准长颈喷嘴，数量可为单个或多个，通过喷嘴喉部的流速应控制在 15~35m/s 范围内，两个喷嘴之间的中心距离不得小于较大喷嘴喉部直径的 3 倍，任一喷嘴中心到风室最近侧壁的距离不得小于其喷嘴喉部直径的 1.5 倍，风室的断面面积不应小于被测定风量按断面平均速度小于 0.75m/s 时的断面积。风室中喷嘴两端的静压取压接口，应为多个且均布于四壁，静压取压接口至喷嘴隔板的距离不得大于最小喷嘴喉部直径的 1.5 倍，并连成静压环。

风室式漏风量测试装置漏风量计算式为

$$Q_n = 3600C_dA_d\sqrt{\frac{2}{\rho}\Delta P} \tag{5-5}$$

$$Q = \Sigma Q_n \tag{5-6}$$

式中：Q ——为多个喷嘴漏风量，m^3/h；

Q_n ——为单个喷嘴漏风量，m^3/h；

C_d ——为喷嘴的流量系数；

A_d ——为喷嘴的喉部面积，m^2；

ΔP ——为喷嘴前后的静压差，Pa。

三、风管的绝热

风管的绝热必须在以下工作完成之后进行：①风管或设备的外表面防腐工作已经结束；②外表面应清洗干净，无灰尘、无油污的状态下；③对于有漏风量要求或有泄漏和真空度要求的风管和设备，必须经试验合格；④风管上各种预留的测孔必须提前开出，并将测孔部件组装结束。

通风风管常用绝热材料有橡塑保冷（温）板、岩棉板、玻璃棉板、聚氨酯泡沫塑料板等，绝热层外常用的保护材料有金属薄板加工的保护壳、玻璃布和塑料布外刷油漆保护壳等。金属薄板保护壳所用的材料主要用镀锌钢板和铝板，也有的用一般薄钢板制作保护壳，但必须在内外表面涂刷防腐油漆。金属薄板保护壳的加工和制成后应具有一定的刚度和强度，常用镀锌钢板和铝板厚度有 0.5mm 和 0.7mm 两种，金属薄板保护层的制作方法及防腐处理应符合设计要求。橡塑保冷（温）板由于材料气密性好，无须做隔气层和保护层。

通风风管绝热层厚度应根据设计要求而定。对于建筑物内空调系统风管常用的岩棉板［密度≤200kg/m^3、导热系数 0.037W/（m·K）］、玻璃棉板［密度≥45kg/m^3、热导率 0.038W/（m·K）］厚度为 30mm，橡塑保冷（温）板［密度 40～80kg/m^3、热导率 0.037W/（m·K）］厚度为 27mm。

四、风管安装质量验收标准

主控项目为：

（1）在风管穿过需要封闭的防火、防爆的墙体或楼板时，应设预埋管或防护套管，其钢板厚度不应小于 1.6mm。风管与防护套管之间应用不燃且对人体无危害的柔性材料封堵。

检查数量：按数量抽查 20%且不得少于 1 个系统。

检查方法：尺量、观察检查。

（2）风管安装必须符合下列规定。

①风管内严禁其他管线穿越。

②输送含有易燃、易爆气体或安装在易燃、易爆环境的风管系统应有良好的接地，通过生活区或其他辅助生产房间时必须严密，并不得设置接口。

③室外立管的固定拉索严禁拉在避雷针或避雷网上。

检查数量：按数量抽查 20%且不得少于 1 个系统。

检查方法：手扳、尺量、观察检查。

（3）输送空气温度高于 80℃的风管，应按设计规定采取防护措施。

检查数量：按数量抽查 20%且不得少于 1 个系统。

检查方法：观察检查。

（4）净化空调系统风管的安装还应符合下列规定。

①风管、静压箱及其他部件必须擦拭干净，做到无油污和浮尘，当施工停顿或完毕时端口应封好。

②法兰垫料应为不产尘、不易老化及具有一定强度和弹性的材料，厚度为 5~8mm，不得采用乳胶海绵。法兰垫片应尽量减少拼接，并不允许直缝对接连接，严禁在垫料表面涂涂料。

③风管与洁净室吊顶、隔墙等围护结构的接缝处应严密。

检查数量：按数量抽查 20%且不得少于 1 个系统。

检查方法：观察，用白绸布擦拭。

（5）集中式真空吸尘系统的安装应符合下列规定。

①真空吸尘系统弯管的曲率半径不应小于 4 倍管径，弯管的内壁面应光滑，不得采用褶皱弯管。

②真空吸尘系统三通的夹角不得大于 45°，四通制作应采用两个斜三通的做法。

检查数量：按数量抽查 20%，不得少于两件。

检查方法：尺量、观察检查。

（6）风管系统安装完毕后，应按系统类别进行严密性检验，漏风量应符合设计与规范中漏风量的规定。风管系统的严密性检验，应符合下列规定。

①低压系统风管的严密性检验应采用抽检，抽检率为 5%且不得少于 1 个系统。在加工工艺得到保证的前提下，采用漏光法检测，检测不合格时应按规定的抽检率做漏风量测试。中压系统风管的严密性检验应在漏光法检测合格后，对系统漏风量测试进行抽检，抽检率为 20%且不得少于 1 个系统。高压系统风管的严密性检验，为全数进行漏风量测试。系统风管严密性检验的被抽检系统，应全数合格则视为通过；如有不合格时，则应再加倍抽检，直至全数合格。

②净化空调系统风管的严密性检验，1~5 级的系统按高压系统风管的规定执行。

检查数量：按条文中的规定。

检查方法：按本规范规定进行严密性测试。

第二节　通风空调及附属设备安装

一、通风机的安装

（一）通风机类型

通风和空调工程中常用的通风机，根据其作用及原理的不同可分为离心式通风机、轴流式通风机和贯流式通风机。

离心式通风机主要由叶轮、蜗壳式外壳以及电动机等组成。工作时，气流由轴向吸入，气体随着叶轮旋转而获得离心力，并由蜗壳出口甩出。离心式通风机的风口位置以叶轮旋转方向和进出风方向（角度）表示。由主轴槽轮或电动机位置看叶轮旋转方向，若为顺时针旋转为“右”，若为逆时针旋转为“左”。

根据风机提供的全压不同分为高压（$p>3000Pa$）、中压（$1000Pa<p\leqslant3000Pa$）、低压（$p\leqslant1000Pa$）三类。低压和中压离心式通风机多用于通风换气、排尘系统和空调系统，高压离心式通风机则用于一般锻冶设备的强制通风及某些气体输送系统。组合式空调机组中的通风机是离心式通风机。

轴流通风机主要由吸入口、叶轮、机壳、扩压器和电动机等组成。工作时气流沿轴向吸入，气体随着叶轮旋转向前送出。根据风机提供的全压不同分为高压（$p\geqslant500Pa$）、低压（$p<500Pa$）两类。轴流通风机产生的风压没有离心通风机高，但可以在低压下输送大量气体。轴流通风机产生的噪声通常比离心通风机的噪声高，轴流式通风机多用于局部排风系统。

贯流式通风机是将机壳部分地敞开使气流直接径向进入通风机，气流横穿叶片两次后排出。贯流式通风机的全压系数较大，效率较低，多用于风机盘管和风幕等设备中。

（二）通风机的安装工艺

1. 检查与验收

开箱检查：认真核对的通风机名称、型号、规格和风机叶轮旋转方向，核对装箱清单、设备说明书、产品质量合格证书与产品性能检测报告等随机文件，进口设备还应具有商检合格的证明文件。检查通风机外露部分各加工面及转子是否有明显变形、碰伤、严重锈蚀等问题，进排风口应有盖板遮盖。

通风机通常安装在型钢支架上，也可以安装在钢筋混凝土板上。安装前，应根据产品样本或通风机实物对基础外形尺寸、位置、标高及预留孔洞等进行核对。设备基础表面的油污、泥土杂物以及地脚螺栓预留孔内的杂物应清除干净。

2. 通风机的减振措施

通风机在运转过程中会产生较大的振动，为了减振，通常会设置通风机减振台座，减振台座有钢架焊接台座和混凝土台座两种。减振台座常用的减振器有 ZD 型阻尼弹簧复合减振器、DFG 型低频弹簧橡胶复合减振器、ZTA 型阻尼弹簧减振器、JG 型橡胶剪切减振器。DFG 型低频弹簧橡胶复合减振器还有两端配有升降杆的大载荷低频弹簧橡胶复合减振器和封闭式大载荷低频弹簧橡胶复合减振器。采用何种减振器由设计人员确定。

减振器安装时，应注意各组减振器承受荷载的压缩量应均匀，不得偏心。减振器受载荷后，高度误差应不大于 2mm。钢架焊接台座须涂防锈漆、面漆各两遍。

3. 通风机清洗

通风机安装前，应将轴承、传动部位及调节机构进行拆卸、清洗、润滑，密封管路应进行除锈、清洗处理。离心通风机拆卸、清洗时，应将机壳和轴承箱拆开并将转子卸下清洗，但电动机直联传动的风机可不拆卸清洗。轴流通风机拆卸、清洗时应检查叶片根部是否损伤，紧固螺母是否松动。立式风机应清洗变速箱、齿轮组或蜗轮蜗杆。罗茨式和叶氏式鼓风机的清洗、拆卸时应清洗润滑系统、齿轮箱及其齿轮，并检查转子和机壳内部。

4. 离心式通风机安装操作

离心式通风机安装有整体安装和现场组装两种情况。整体安装的风机直接放置在支架或基础上，用斜垫铁找平找正。斜垫铁必须成对使用，每组垫铁的块数不超过 3 块。当风机安装在无减振器的支架上，应垫上 4~5mm 厚的橡胶板；当风机安装在有减振器的机座上时，地面要平整，安装后采取保护措施。现场组装的风机应按相应工序进行安装。

通风机安装要求是通风机的机轴应保持水平，水平度允许偏差为 0.2%。风机与电动机用联轴器连接时，两轴中心线应在同一直线上，两轴芯径向位移允许偏差为 0.05mm，两轴线倾斜允许偏差为 0.2%。通风机与电动机用三角皮带传动时，应对设备进行找正，以保证电动机与通风机的轴线平行，并使两个皮带轮的中心线相重合，三角皮带拉紧程度应适当。

风机的传动装置外露部分应安装防护罩，联轴器需要安装保护罩，安装在室外的电动机应设防雨罩。风机的吸入口或吸入管直通大气时，应加装保护网或其他安全装置。

5. 轴流通风机安装操作

轴流通风机组装时，叶轮与主体风筒的间隙应均匀，偏差应符合技术文件的要求，大型轴流通风机的叶片安装角度应一致。

排风采用的轴流式通风机大多数安装在风管中间和墙洞内。当在风管中间安装轴流式通风机时，通风机可装在用角钢制作的支架上。安装时，在支架安装牢固后，再将风机吊起放在支架上，垫4~5mm厚橡胶板，穿上螺栓，并用水平尺找正找平，最后上紧螺母。为了检查和接线方便，应设检查孔。

当在墙洞内安装的轴流式风机时，应在土建施工时预留孔洞，并预埋挡板框和支架。安装时，把风机放在支架上，上紧地脚螺栓的螺母，在墙外侧安装45°防雨防雪的弯头，并设置防护网或安装百叶风阀。

6. 通风机与风管的连接

通风机出口处应顺着气流方向接出异径管和弯管。在现场条件允许的情况下，应保证出口至弯管的距离大于或等于风口出口长边尺寸的1.5~2.5倍。如果受现场条件限制达不到要求，应在弯管内设置导流叶片弥补。

通风机的进风管和出风管应有单独的支撑。若进风口不与风管或其他设备连接时，应安装网孔为20~25mm的入口保护网。若通风机进出口与风管连接时，应安装柔性短管，柔性短管长度约为150~300mm。

对于输送空气湿度较大的通风机，在机壳底部应装直径为15mm的放水阀或水封弯管，装置水封弯管时，水封的高度应大于通风机的全压。

（三）通风机安装施工质量验收标准

主控项目为：

（1）通风机的安装应符合下列规定。

①型号、规格应符合设计规定，其出口方向应正确。

②叶轮旋转应平稳，停转后不应每次停留在同一位置上。

③固定通风机的地脚螺栓应拧紧，并有防松动措施。

检查数量：全数检查。

检查方法：依据设计图核对、观察检查。

（2）通风机传动装置的外露部位以及直通大气的进、出口必须装设防护罩（网）或采取其他安全设施。

检查数量：全数检查。

检查方法：依据设计图核对、观察检查。

二、组合式空调器的安装

（一）组合式空调器的组成

组合式空调器是对空气进行加热、冷却、加湿、去湿、净化、输送等过程的空气处理设备。箱体采用框架结构，用几种标准构件组合，空调器断面尺寸和长度均采用模数制。

组合式空调器自身不带冷冻机，采用水冷式表面冷却器降温减湿，须供低温冷冻水。它具有质量小、安装简便、维修方便的特点，可以根据需要任意分段组合、功能多样、组合灵活，可以满足各种不同空调系统的需要，特别适用于有集中冷热源的会议室、餐厅、办公楼、实验室和对空气处理焓差有特殊要求的场合。

每种型号的组合式空调器都有各种功能段，供设计单位和用户按需要选用、组合。组合式空调器功能段主要有：

（1）混合段。混合段连接新风和回风管用，并配有对开式多叶调节阀门。

（2）空气过滤段。空气过滤段有初效空气过滤段和中效空气过滤段。采用的空气过滤器种类有无纺布的板式初效过滤器、袋式初效过滤器、袋式中效过滤器和超细玻璃纤维纸的中效过滤器等。

（3）表面冷却器段。冷却器是铜管串铝片的冷热交换器。排深有 4、6、8 三种，配有挡水板。

（4）蒸汽加热段。蒸汽加热段采用 SRZ 型蒸汽加热器。

（5）热水加热段。加热器是铜管串铝片的冷热交换器。排深有 2、4 两种。

（6）加湿段。可以是水加湿、蒸汽加湿或水喷雾式加湿。

（7）消声段。采用微穿孔板结构，可以是进风消声段也可以是出口消声段。

（8）送风机段。送风机段配有离心式双进风风机，有水平出风和上出风两种形式。

（9）回风机段。回风机段配有离心式双进风风机，配有新风阀、回风阀、排风阀和截断阀。

（10）二次回风段。二次回风段顶部设有二次回风阀门。

（11）中间段。中间段即检修段。

标准段组合是指新、回风混合段、初效过滤段、中间段、表冷器段、干蒸汽加湿段、送风机段六个段的组合。

（二）组合式空调器安装工艺

1. 检查与验收

开箱检查：认真核对组合式空调器的名称、型号和规格，核对装箱清单、设备说明书、产品质量合格证书与产品性能检测报告等随机文件，进口设备还应具有商检合格的证明文件。检查组合式空调器及其零、部件不得有变形、损坏、锈蚀、缺失等问题，检查叶轮与外壳有无擦碰、摩擦。

组合式空调器的基础有混凝土基础、槽钢基础和砖基础。基础的长度和宽度应按照设备的外形尺寸向外各加大100mm，基础高度应考虑凝结水的排放问题，不应小于100mm。基础平面必须水平，对角线水平误差应不超过5mm。设备基础表面和地脚螺栓预留孔中的油污、碎石、泥土、积水等均应清除干净，预埋地脚螺栓的螺纹和螺母应保护完好。

2. 机组安装要求

组合式空调机组安装时，应检查各功能段的排列顺序必须与设计图纸相符，各功能段之间连接应严密；机组安装应平直，检查门开启应灵活，并能锁紧；机组内应清扫干净，空气过滤器和空气热交换器翅片应清洁完整。当机组进气温度低于冰点运行时，应有防止盘管冻裂措施。

对于现场组装的组合式空调机组，当有喷淋段时，首先应按照水泵的基础为准，先安装喷淋段，然后再安装两边各功能段。当安装表冷段时，可由左向右或由右向左进行组装。当风机单独安装时，先安装风机段空段体，再将风机装入段体内。与加热段连接的段体，应采用耐热垫片做衬垫。现场组装的组合式空调器组装后，应做漏风量的检查，其漏风量必须符合国家标准的规定。表冷器或加热器与框架的缝隙，及表冷器或加热器之间缝隙，应用耐热垫片拧紧，避免漏风而短路。

机组安装的技术要求是：①机组的声功率级噪声值应小于相关规定；②在规定的实验工况下，风量实测值不低于额定值的95%，全压实测值不低于额定值的88%；③在规定的实验工况下，机组额定供冷量的空气焓降应不小于17kJ/kg，新风机组的空气焓降应不小于34kJ/kg；④在规定的实验工况下，机组供热量的空气温升至少应不小于蒸汽加热时温度20℃，热水加热时温度15℃；⑤在规定的实验工况下，机组横断面上的风速均匀度应大于8 0%。

3. 机组的检测装置和配管

机组内宜设置必要的风温湿度检测装置，过滤器宜设置压差检测装置。机组的进出风口与风道连接时应用软管（帆布、铝箔软管等）连接，软管长度宜在150~300mm之间。

（三）组合式空调机组安装施工质量验收标准

主控项目为：

空调机组的安装应符合下列规定。

（1）型号、规格、方向和技术参数应符合设计要求。

（2）现场组装的组合式空气调节机组应做漏风量的检测，其漏风量必须符合相关规定。

检查数量：按总数抽检20%且不得少于1台。净化空调系统的机组，1~5级全数检查，6~9级抽查50%。

检查方法：依据设计图核对，检查测试记录。

三、风机盘管的安装

（一）风机盘管概述

风机盘管主要由风机、电动机、盘管（热交换器）、凝结水盘、机壳和电器控制部分组成。其盘管由集中的冷热源提供冷水或热水，风机则是将室内的空气吸入机组内，经盘管被冷却或加热后再送入室内。室内空气不断地被机组循环处理，实现调节空气的目的。

风机有三挡调速，可调节风量的大小，以达到调节冷热量的目的。风机盘管机外余压较小，通常不接风管或只接较短的风管。若需要接较长的风管，则需要采用高静压风机盘管，高静压风机盘管机外余压约为30~50Pa。

风机盘管占用空间小，便于安装和布置，控制灵活，常与新风机组配套使用。风机盘管加新风系统广泛使用于宾馆、医院、办公楼等公共建筑中。

风机盘管的形式有卧式暗装、立式暗装、卧式明装、立式明装、卡式和立柜式等，其中以卧式暗装风机盘管使用得最多，下面以卧式暗装风机盘管安装为例，介绍风机盘管的安装工艺。

（二）卧式暗装风机盘管的安装工艺

1. 检查与试验要求

开箱检查：认真核对的风机盘管名称、型号和规格，核对装箱单、设备说明书、产品质量合格证书与产品性能检测报告等随机文件，进口设备还应具有商检合格的证明文件。检查风机盘管电动机壳体及表面交换器有无损伤、锈蚀等缺陷。风机盘管的结构形式、安装形式、出口方向、进水位置应符合设计安装要求。

风机盘管应逐台进行通电试验检查。机械部分不得摩擦，电气部分不得漏电。风机盘管应按总台数的 10%进行水压试验，试验强度应为工作压力的 1.5 倍，定压后观察 2~3min 不渗不漏。

2. 卧式暗装风机盘管的安装操作

卧式暗装风机盘管通常安装在空调房间的吊顶内，吊顶应留有活动检查口，以便于机组能整体拆卸和维修。风机盘管由独立的支、吊架固定，并应便于拆卸和维修。风机盘管的吊架是使用普通吊架还是减振吊架均由设计而定。

风机盘管与送风口、回风口或风管连接时应为柔性软管连接，常用的是帆布软管或铝箔软管，软管长度 150~250mm。

风机盘管是否带有回风箱，回风口是否设置过滤装置均由设计而定。当设计风机盘管不带回风箱时，回风口直接安装在吊顶上，吊顶空间成为一个回风腔；当设计风机盘管带回风箱时，安装在吊顶上的回风口通过风管与回风箱相连接。

（三）风机盘管安装质量验收标准

一般项目为：

风机盘管机组的安装应符合下列规定。

（1）机组安装前宜进行单机三速试运转及水压检漏试验。试验压力为系统工作压力的 1.5 倍，试验观察时间为 2min，不渗漏为合格。

（2）机组应设独立支、吊架，安装的位置、高度及坡度应正确、固定牢固。

（3）机组与风管、回风箱或风口的连接，应严密、可靠。

检查数量：按总数抽查 10%且不得少于 1 台。

检查方法：观察检查及查阅检查试验记录。

四、电加热器的安装

（一）电加热器的结构

1. 裸线式电加热器

裸线式电加热器的结构简单、热惰性小、加热迅速，但安全性差。为方便检修，常做成抽屉式。

2. 管式电加热器

管式电加热器结构耐用安全，但热惰性较大、结构较复杂。通过电加热器的风速应控制在 8~12m/s，以免风速过低时造成加热器表面的温度太高。

（二）电加热器安装质量验收标准

主控项目为：

电加热器的安装必须符合下列规定。

（1）电加热器与钢构架间的绝热层必须为不燃材料，接线柱外露的应加设安全防护罩。

（2）电加热器的金属外壳接地必须良好。

（3）连接电加热器风管的法兰垫片，应采用耐热不燃材料。

检查数量：按总数抽查 20%且不得少于 1 台。

检查方法：核对材料、观察检查或电阻测定。

五、加湿器的安装

（一）加湿器概述

空气加湿方法较多，按水蒸发时热源的不同可分为等焓加湿和等温加湿两大类。等焓加湿设备主要有喷水室、压缩空气喷雾加湿设备、高压喷水加湿器、湿帘、超声波加湿器和离心式加湿器。等温加湿设备主要有干蒸汽加湿器、电极式加湿器、电热式加湿器和红外线加湿器。下面主要介绍其中的两个加湿器。

1. 干蒸气加湿器

干蒸汽加湿器主要由干蒸汽喷管、分离室、干燥室和气动或电动调节阀组成。饱和蒸汽从蒸汽入口进入加湿器，蒸汽在双夹套喷杆中轴向流动，利用蒸汽的潜热将中心喷管预热，确保喷管中喷出的是干蒸汽，即不夹带冷凝水的蒸汽。然后部分蒸汽将冷凝成水并随蒸汽一起进入分离室。由于分离室断面大，使蒸汽减速，再加上惯性和挡板的作用，有效地使蒸汽和冷凝水分离。分离出的凝结水从分离室底部排出，分离出凝结水的蒸汽流经调节阀孔减压后进入干燥室。残余在蒸汽中的水滴在干燥室中再汽化，最后进入喷管喷出的便是干燥的蒸汽。

干蒸汽加湿器主要特点是加湿效率高、工作可靠、不锈钢材料制造、耐腐蚀使用寿命长，但造价高，需要有蒸汽源。有的干蒸汽加湿器宜水平安装，必要时也可以垂直安装，有的干蒸汽加湿器只能垂直安装。安装时将喷管安装在水平风管或竖向风管内。

2. 电极式加湿器

电极式加湿器结构利用三根不锈钢棒或铜棒作为电极，把电极放在不易生锈的盛水容器中，以水为电阻，将电极与三相电源接通，通电后使水加热产生蒸汽。产生的蒸汽由排出管喷入到被处理的空气中，产生蒸汽量的大小可以通过调节加湿器内水位高低来调节。电极式加湿器使用过程中应注意外壳的接地和定时清洗与排污。由于电极式加湿器的耗电量较大，通常只用于小型空调系统。

（二）干蒸汽加湿器的安装

1. 干蒸汽加湿器接管

当供气系统的蒸汽压力为 2kg/cm^2 时，干蒸汽加湿器供气管路设置过滤器和电动调节阀或手动调节阀，干蒸汽加湿器冷凝水出口设置疏水器。当供气系统的蒸汽压力超过 2kg/cm^2 时，干蒸汽加湿器供气管路除设置过滤器和电动调节阀或手动调节阀外，还应设置减压阀。

2. 干蒸汽加湿器安装要求

为了保证加湿正常，可靠工作，干蒸汽加湿器的安装必须注意下列各项。

（1）选择加湿器喷管长度时，一般应按风管宽度选用，即喷管长度近似风管宽度。当风管的高度大于风管的宽度时，宜选择加湿器喷管垂直安装方式。

（2）安装加湿器喷管的风管高度必须保证在 200mm 以上，高度不够时可局部扩大高度尺寸或在风管底部增加一个槽，加湿器喷管应尽可能安装在风管高度的中间位置。在大断面风道中，需要装设两个喷管时，为了使蒸汽分布均匀，应将风管垂直等分为三部分，喷管安装在间隔的两等分线上。两只喷管上下重叠安装时，两管间距应大于 300mm。

（3）加湿器喷管水平安装时，接至加湿器的供管道必须从干管顶部引入，加湿器的喷管喷雾口要向上。加湿器喷管垂直安装时，只允许喷管安装在控制阀上方，不允许喷管安装在控制阀下方。

（4）加湿器喷管宜装在风机出口管段上，如需要装在风机吸入口时，其距离不应小于 1m。加湿器喷管宜装在盘管或冷却器的下风向，如必须装在盘管或冷却器的上风向时，其间距应大于 1m。

（5）如果需要将加湿器安装在盘管（或冷却器）的后面、风机的前面时，喷管应处于空气流动处，并尽可能远离风机吸风口。如果加湿器需要安装在多环路系统中，喷管应处于有效气流中间，并尽可能离通风机出口近一些。

（6）加湿器喷管离送风口、弯头、变径管的距离应不小于 1.2m，与湿度测量点或温度控制器之间的距离不小于 1.5m。

（三）干蒸汽加湿器安装质量验收标准

主控项目：

干蒸汽加湿器的安装，蒸汽喷管不应朝下。

检查数量：全数检查。

检查方法：观察检查。

六、高效过滤器的安装

高效过滤器是空气洁净系统的关键部件。为防止高效过滤器受到污染，开箱检查和安装必须在空气洁净系统安装完毕，空调器、高效过滤器箱、风管内及洁净房间经过清扫、空调系统各单体设备试运转后及风管内吹出的灰尘量稳定后才能进行。

（一）高效过滤器安装要求

高效过滤器安装时，应保证气流方向与外框上箭头标志方向一致。用波纹板组装的高效过滤器在竖向安装时，波纹板必须垂直地面，不得反向。

安装时要对过滤器轻拿轻放，不得污染，不能用工具敲打、撞击，严禁用手或工具触摸滤纸，防止损伤滤料和密封胶。

（二）高效过滤器安装方法

高效过滤器安装形式有洁净室内安装和吊顶或技术夹层安装两种。洁净室内安装是指能在洁净室内安装和更换高效过滤器。吊顶或技术夹层安装是指只能在吊顶内或技术夹层内安装和更换高效过滤器。

高效过滤器与框架之间的密封方式有密封垫、负压密封、液槽密封等。采用密封垫密封时，一般采用闭孔海绵橡胶板或氯丁橡胶板，也可用硅橡胶涂抹密封。密封垫料厚度常采用6~8mm，密封垫的拼接方法与空气净化系统风管的法兰连接垫料拼接方法相同，即采用梯形或榫形拼接。密封垫粘贴在高效过滤器的边框上，安装后密封垫压缩率应在25%~50%。采用液槽密封时，液槽的液面高度应符合设计要求，一般为2/3槽深，密封液的熔点宜高于50℃，框架各连接处不得有渗液现象。安装时将刀架式高效过滤器浸插在密封槽内。

（三）高效过滤器安装施工质量验收标准

主控项目：

（1）高效过滤器应在洁净室及净化空调系统进行全面清扫和系统连续试车12h以上后，在现场拆开包装并进行安装。安装前须进行外观检查和仪器检漏，目测不得有变形、脱落、断裂等破损现象，仪器抽检检漏应符合产品质量文件的规定。合格后立即安装，其方向必须正确，安装后的高效过滤器四周及接口，应严密不漏。在调试前应进行扫描检漏。

检查数量：高效过滤器的仪器抽检检漏按批抽检5%，不得少于1台。

检查方法：观察检查、按本规范规定扫描检测或查看检测记录。

（2）净化空调设备的安装还应符合下列规定。

①净化空调设备与洁净室围护结构相连的接缝必须密封。

②风机过滤器单元（FFU与FMU空气净化装置）应在清洁的现场进行外观检查，目测不得有变形、锈蚀、漆膜脱落、拼接板破损等现象。在系统试运转时，必须在进风口处加装临时中效过滤器作为保护。

检查数量：全数检查。

检查方法：按设计图核对，观察检查。

第六章　暖通空调工程施工调试

第一节　空调制冷主机系统调试

空调制冷主机产品最主要的是水冷冷水机组及风冷冷水（热泵）机组。水冷冷水机组是通过冷却塔对水进行冷却，以冷却水为冷源，以水为载冷剂进行制冷的一种中央空调设备。风冷冷水（热泵）机组是以空气和水为媒介，利用电能将空气中所蕴藏的能量进行置换，夏天将室内的热量流向温度更高的室外，使房间凉爽；冬天利用室外空气中的热量供热，使房间温暖。风冷冷水（热泵）机组可以实现热量由低温流向高温，进而达到对建筑物的空气进行调节的目的。

一、水冷冷水机组概述

水冷冷水机组是一种以水为冷却介质的中央空调制冷主机产品，与相同冷量的风冷机组相比，由于其冷凝器和蒸发器均采用特制高效传热管制作，因此结构紧凑，体积小，效率高；又由于没有冷凝风机，因而噪声低。机组铭牌在机组控制箱上。系统部件包括蒸发器、冷凝器、压缩机、节流装置、控制系统等。

经压缩机压缩后的高温高压制冷剂气体，进入冷凝器与冷却水换热后被冷凝成中温高压液体，经干燥过滤后流经电子膨胀阀，被节流降压成低温低压的液体进入蒸发器，吸收水的热量后蒸发成低温低压的气体被压缩机吸入，再经压缩后进入下一次的制冷循环。被降温后的冷水通过水泵输送到末端设备，如此循环往复从而达到冷却降温的目的。

二、水冷冷水机组收货存放与安装前期准备

（一）收货存放

水冷冷水机组一般在工厂内组装为一个整体，即由工厂加工装配、配管布线、氦检漏试验、充注制冷剂、性能测试、保温并经过全过程的质量检验后完成合格产品的制造。

如果水冷冷水机组在安装之前需要存放，应采取如下预防性措施：①确保所有的开口，如水管均有保护盖，不要撕去电控柜的保护薄膜；②将机组存放在干燥、无振动、人员活动较少的地方；③存放于室外时应有防雨措施，对有保温层的机组请勿置于阳光下暴晒；④机组上如有积灰，不要用蒸汽或水冲洗；⑤应对机组进行定期检查，特别是每个月应检查制冷剂是否泄漏，若高、低压力表显示压力过低或无压力，则制冷剂泄漏，需要检修。

（二）安装前期准备

水冷冷水机组安装准备工作为：

①机组应有专用机房，并应采取措施将机组运行时产生的热量从机房排走，通风量能够维持室温不超过40℃的要求。

②机组应安装在不变形的刚性底座或混凝土基础上，该基础应表面平整，且能承受机组运行时的重量。

③机组基础四周应有排水沟等具足够排放能力的排水措施，以便季节性停止运行或维修时排放系统中的水。

④机组应安装在不变形的刚性底座或混凝土基础上，该基础须表面平整，且能承受机组运行时的重量。机房大小应能保证机组四周1.5m，上方1m以上的空间，以便于机组的维修保养；同时压缩机上方不应敷设管道及线管。

⑤建议安装水管时与机组的接管尺寸之间预留装隔振橡胶接管的间距，以便机组到达现场后有合适的施工和调整空间。

⑥为使电气元件正常工作，不要把机组安放在空气中有灰尘污物、腐蚀性烟雾和湿度大的地方，如果有这种情况存在，必须给予纠正。

⑦应准备的材料及工具：软连接头、防振软垫、吊装设备、吊装横梁、吊链、千斤顶、滑动垫木、垫滚、撬棒。

吊车搬运机组时的注意事项：

①机组出厂前已经过严格的包装和检验，以确保机组在正常情况下抵达目的地，安装者、搬运者和吊装者都应同样地保护机组，杜绝由于野蛮操作而损坏机组，特别注意不要对一些角阀、管路产生碰撞，以免制冷剂泄漏。

②机组在搬运、移动时应保持水平，切勿倾斜，可使用吊车；使用吊车时必须用有吊装标志的底部吊耳孔，吊索与机组的接触部位应有支撑物隔离，应确保吊索能承受整个机组的重量，否则将造成机组损坏或严重的人身伤害。不要用叉车提升或移动机组。

③如果不具备垂直提升条件，可采用水平滚动法，即用千斤顶将两端顶起一定高度，把垫滚放在机组滑动垫木支座下，将机组滚动就位后，再取下滑动垫木。使用水平滚动法

移动机组时，力只能用在机架上或滑动垫木上。机组到位后，去掉滑动垫木，用气泡水平仪校准水平，并用地脚螺栓将机组底脚固定在基础上。建议在机组底脚与基础之间放置15～20mm厚防振软垫。

机组一般安装在地下室、底层或专用机房。如果必须安装在较高的楼面时，首先应确认该楼面结构是否能承受机组的运行重量，必要时可以加固地板，此外，还须确认该层楼面是否水平；建议根据机组运行重量分布放置弹簧减振器。机组不适宜于室外无防护措施处使用。

三、管道链接

机组安装就位后进行水系统管道安装施工，或将已布置好的水系统管道与机组蒸发器和冷凝器的水管口连接。

（一）空调系统水管路连接的一般要求

①空调系统水管路的安装、保温，应由专业设计人员设计指导，并执行暖通空调安装规范的相应规定。

②进、出水管路应按机组上标志要求连接。一般规定为：冷凝器水管下进上出；蒸发器冷媒接管侧为冷冻水进水口侧。

③水系统必须选配流量和扬程合适的水泵，以确保机组正常供水。水泵与机组和水系统管路之间除采用防振软连接头连接外，还应自设支架以免机组受力。安装时的焊接工作应避免对机组造成损坏。

④在蒸发器和冷凝器的出水管上安装流量开关。将流量开关与控制柜内的输入接点联锁。其安装要求如下：流量开关应垂直安装在出水管上；流量开关两边至少应有5倍管道直径的直管段；不要将其安装在接近弯管、孔板及阀门的附近；开关上箭头指向必须与水管的水流方向一致；为防止流量开关的抖动，应将水系统中的所有的气体排放出去。调节流量开关，使它在水流量低于最小流量（最小流量为设计流量的40%）时处于分离状态。当水流量符合要求时，水流开关应该保持闭合状态。

⑤机组的进水管路前必须安装水过滤器，并选择16目以上的过滤网。

⑥系统水管路冲洗和保温要在与机组连接前进行，避免脏物损坏机组。

⑦水室设计承受水压1.0MPa。为防止损坏蒸发器和冷凝器，不可超压使用。

（二）冷凝器管路连接的基本要求

①冷却水管路系统必须先安装防振软连接头、温度计、压力表、排水阀、截止阀、水

过滤器、止逆阀、靶式流量控制器等，再与冷却塔进出水管路相连。

②供水管路要尽可能短，管路的规格要根据水泵的有效扬程、管路流量和流速而定，而不依照接头规格。

③在冷凝器封头上装配有排水、排气接头，以螺塞封口。应将螺塞替换为（1/4NPT 放气和 1/2NPT 排水）球阀。

④冷凝器的水口方向可以根据用户的要求更改。更改时须注意以下几点：需要确认正确的隔板位置，使用新的橡胶密封圈；冷却水的温度、流量测量装置须重新布置；拆装水室端盖时，紧固螺栓要按一定的顺序进行，轻轻收紧第一个螺栓，然后再轻轻收紧位于180°方向的螺栓。继续以这样的顺序收紧第 3 个螺栓，然后再轻轻收紧与第 3 个螺栓成180°的第 4 个螺栓。依此类推。

（三）蒸发器管道连接的基本要求

①冷冻水管路系统必须安装防振软连接头、温度计、压力表、水过滤器、电子除垢仪、止逆阀、靶式流量控制器、排气阀、排水阀、截止阀、膨胀水箱等。

②膨胀水箱应安装在高于空调系统最高处 1～1. 5m 处，水箱容量约为整个系统水量的1/10。也可以采用落地式膨胀水箱。

③在蒸发器筒体上装配有排水、排气接头。排水口上已装配“1/2”排水铜球阀，排气口以螺塞封口。应将螺塞替换为 1/4NPT 放气球阀。

④水管应尽量避免垂直方向的变化，在管路的高处与膨胀水箱之间安装手动或自动排气阀。

⑤进水和出水管路的直管段上安装温度计和压力表，避免将其安装在太接近弯管的地方。各低点应配有放水接头，以便放清系统中的余水。在操作机组之前，把截止阀接到放水管路上，装在进水和出水接头附近。蒸发器进出水管之间应有旁通管道，便于管道清洗和检修。使用柔性接头可以减少振动的传递。

⑥冷冻水管路和膨胀水箱应进行保温处理，阀件接头处应留出维护操作部位。

⑦管道做过气密性试验后，再包保温层，以避免热传递和结露，保温层上应罩有防潮密封。

（四）现场冷媒充注

由于安装或维修的原因，需要对机组进行现场冷媒充注时，操作如下：

①用真空泵将机组真空抽至 50Pa 以下，12h 后真空上升低于 13Pa 表明真空检查合格。

②真空合格后，确保冷冻水泵开启，冷冻水在蒸发器内处于流动状态时，通过冷凝器

底部的角阀充注孔注入规定量制冷剂。

四、水冷冷水机组电气连接

现场接线时为避免端子连接处腐蚀和过热，要求所有的供电线均为铜导线。控制电缆线与电源线要分开敷设并加防护管，以防止电源线对控制电缆产生干扰，机组外壳必须可靠接地。另外现场接线时为避免控制出错，其不应将低压控制线路（24V）与电压高于24V的导线穿在同一电线管内。

（一）电源部分

①机组到达客户现场后，需要将动力电源线接至机组控制柜。控制柜的进线口在控制柜的上方。控制柜电源进线必须高于机组 1m，且控制柜上不能受压。把动力线接到接线端子 R、S、T、N、PE，经过 24h（允许的最短时间）运行后，须重新固紧接线端子。水泵和冷却塔风机的动力电源应单独配置供电箱。

②电控柜中电源部分包括：总电源接线铜排，自动空气断路器（空气开关），Δ－Δ 或 Y－Δ 压缩机启动电气装置。

③机组的工作电源是 3N-AC380V，50Hz。外接电源必须符合机组的电气特性。总电源经电控柜的背面上部穿线孔接入，与电源接线铜排或端子排连接，完成电源接线。

④所有供电电路的安装应按照国家电气规范进行。

⑤接至控制柜的动力电源线的规格应根据铭牌上的 RLA 电流选取。总电源功率配备必须有一定的余量，建议值为机组参数的 1.25 倍以上。供电电缆（电线）的载流量应略大于机组的最大运行电流，并要考虑工作环境的影响。电控箱里备有连接地线和自动断路措施，用户自备的电源都必须配有此措施。大电流机组，应采用双路电源供电，但两路供电电源线径必须相等，且属同一品牌。

⑥最大可允许的相电压不平衡为 2%，相电流不平衡为 10%。当相电压不平衡大于 2%时，绝对不能开机。

（二）控制部分

控制部分的连接应注意：

①电控柜内控制部分装有继电器、电源接线故障指示器、接线端子排、PLC 可编程序控制器。门板上装有铰链和锁作为保险装置，以防意外打开，但维修时可以开门。根据机组压缩机的不同和客户要求的不同，机组的控制柜型式不同。

②电控柜前部是操作屏和机组的紧急停机开关。

③电气接线必须符合国家技术规范的要求，各种机组的控制电路都是220V，控制电路的接线方式可参考机组的随机接线图。

④如果机组由主机和子机组成，两者间的通信线应采用屏蔽线并有防护套管，并与电源线分开敷设。

⑤所有需要在现场连接的控制输出电缆应为AC250 V－$1mm^2$，控制信号线应使用$0.5mm^2$屏蔽线（24V）。

⑥注意事项：必须仔细阅读电气接线原理图，严格按接线端子图接线；温度传感器的接线使用三芯屏蔽电缆（RVVP3×$0.5mm^2$）；流量开关的接线使用二芯普通电缆（RVV2×$0.5mm^2$）接流量开关的常开点即无水时的开点；冷却塔风机、冷冻水泵和冷却水泵的联锁是由控制柜内提供的无源触点；远程启动和远程停止外部可接两个点动按钮。

（三）控制附件联锁装置

控制附件联锁装置应用要点：

①机组出厂时已将控制柜与主电机、控制柜与电气执行元件、控制柜与压力温度等传感元件之间的线接好。机组到达客户现场后的接线很简单。不带冷却塔控制的只须连接冷冻、冷却水流开关连线；冷冻、冷却水泵联动控制线（控制接点为无源接点）；带冷却塔的须连接冷却水温度传感器，冷冻、冷却水流开关连线；冷冻、冷却水泵，冷却塔联动控制线（控制接点为无源接点）。

②冷冻水和冷却水管路上都设有靶式流量控制器，用户安装管路时在机组冷冻水和冷却水的出口处安装，冷冻水和冷却水系统的靶式流量控制器常开触点按接线图分别接入控制回路。（因水流的紊乱可能让流量开关误动作，因此控制柜会在连续10s内收到断开信号才让机组停机的提示。）

③感温探头的安装管内应注入低于冷冻水出水温度时不凝固的润滑油或其他油脂，以利传热，感温装置要有保温密闭措施。

进行水冷冷水机组运转调试，常用的工具有：制冷常用工具、数字型电压/欧姆表（DVM）、钳形电流表、绝对压力表或湿球真空指示计、500V绝缘测试仪（兆欧表）。

五、水冷冷水机组运转调试

（一）机组运转前的检查项目

1. 电源及电控仪表系统的检查

①首次开机前应检查配电容量与机组功率是否相符，所选用电缆线径是否能够承受主

机最大工作电流。

②检查电制是否与本机组相符，本机组电制：三相五线制（三根相线，一根零线，一根地线，380V±38V）。

③检查压缩机的供电线路是否接紧接好，如有松动，应重新拧紧。压缩机接线处拧矩为500kg·cm。由于主机经过长途运输以及受吊装等因素的影响，螺丝有可能产生松动，若未检查直接安装可能会导致主机控制柜内电器元件（比如：空气开关、交流接触器等）以及压缩机的损坏。

④用万用表对所有的电气线路仔细检查，检查接线是否正确安装到位；用兆欧表测量，确信无外壳短路；检查接地线是否正确安装到位，对地绝缘电阻应大于2MΩ；检查电源线是否合乎容量要求。

⑤检查供给机组的电源线上是否安装断路开关。

⑥对控制柜内主回路所有接线和控制回路外部接线对照接线图全面检查无误后方可通电（比如曲轴箱油加热器、压缩机电子保护器、循环水温度传感器、靶流开关的接线、水泵的联控等）；检查接线端螺栓是否拧紧，无松动现象。检查各电控仪表、电器是否安装正确、齐全有效，检查电控柜内外特别是各点接线口上是否清洁无杂物。

⑦检查完以上项目给控制柜通电时，电源指示灯亮，此时油加热器开始工作，观察相序保护器是否正常，如相序保护器正常（绿灯亮）合上控制柜内单极开关控制回路开始工作，触摸屏（文本显示器）和PLC控制器将全部投入运行。

⑧开机前检查机组外部系统是否符合开机条件。

2. 压缩机及制冷剂管路系统的检查

①检查压缩机内油位是否正常，正常的压缩机油位一般在视镜的中部。

②检查压缩机容调电磁阀线圈是否锁紧，容调毛细管有无破损。

③制冷系统中的全部制冷剂阀（冷凝器出口处角阀，压缩机吸、排气截止阀）都处于开启状态，使制冷剂系统畅通。

④检查高、低压力值，压力继电器高、低压设定值是否正常（高压设定值为1.8MPa，低压设定值为0.2MPa，用户不得擅自更改）。

⑤检查压缩机润滑油是否预热8h以上。试运转前至少将机油加热器通电加温8h，以防止启动时冷冻油发生起泡现象。若环境温度较低，油加热时间须相对加长。在低温状态时启动，因润滑油黏度大，会有启动不易与压缩机加、卸载不良等状况。一般润滑油温度最低须达到23℃以上才可运转。

⑥检查压缩机接线是否正确。压缩机启动后立即关机，观察瞬间系统压力的变化，确

保排气压力上升，回气压力下降。反之压缩机为反转，须重新调整压缩机的接线顺序。

⑦在主回路断开的情况下进行试运转，检查动作顺序是否正常。正常的启动顺序是：接通电源，按下机组启动键后3min，星形交流接触器吸合，短暂时间后，星形交流接触器断开，三角形交流接触器吸合，机组开始以启动负荷值启动，逐步加载。

3. 水系统的检查

①检查冷却水和冷冻水管路是否冲刷干净，冷却塔、水池等与外界相通的部位是否有杂物，应确保管内无杂质和异物。

②检查水侧的压力表和温度计的连接是否正确，压力表应与水管成90°垂直安装，温度计的安装应保证其感温探头直接插入水管路中。

③检查冷冻/冷却出水侧流量开关是否正确安装，确认流量开关与控制柜已正确接线。

④点动冷冻水和冷却水水泵，检查水泵转向。正确的水泵转向应为顺时针方向，否则请重新检测水泵接线。

⑤开启冷冻水和冷却水水泵，使水流开始循环。检查水管管道是否泄漏，有无明显漏水和滴水现象。

⑥试运行冷冻水和冷却水水泵。观察水压是否稳定；观察水泵进、出口压力表，水压稳定时压力表读数及进、出口压力差值变化微小；观察水泵运行电流是否在其额定运行电流范围内，如果与额定值相差过大请检查系统是否阻力过大，请排除系统故障直至实际运行电流满足要求。

⑦检查冷却塔/膨胀水箱补水装置是否畅通，水系统中的自动排气阀是否能自动排气。如果是手动排气阀，打开冷冻水管路和冷却水管路的排气阀，排尽管内气体。

⑧调整水流量并检查通过蒸发器、冷凝器的水压降是否满足机组正常运转的要求，即机组冷冻水进、出口压力，冷却水进、出口压力应保证在0.2MPa以上。

4. 其他项目检查

检查确保冷却塔风机等其他设备运行正常，无异常噪声。检查风机皮带松紧程度是否适宜，确保风机与电机的连接皮带运转时不打滑，无异常噪声。

检查空调末端设备运转是否正常，确认各处的水阀、风阀均已全部打开。末端设备开启自如，无异常的噪声，送风范围和风速符合设计要求。

检查PLC程序及电器元件工作是否正常，正常通电工作时，电控柜中控制元件的指示灯为绿灯显示。

（二）机组运行

1. 机组日常启动

①机组控制柜提供三对开关量输出点来控制冷冻水泵、冷却水泵、冷却塔的启停。如果有多台机组并联使用，应调节确认通过每台机组的水量符合使用要求。

②检查或重新设定电控柜显示屏上各类设定内容符合使用要求（一般不要更改，机组出厂前已设为最佳状态）。

③在冷冻水泵、冷却水泵、冷却塔的继电器触点与机组控制柜联锁接线后将执行如下控制逻辑：机组启动前，先启动冷冻（媒）水泵，2min 后启动冷却水泵，一分钟后启动机组。如持续 10s 检测到水流开关断开，停机报故障。冷却塔的启停根据冷却水设定温度控制。

④机组运行后确认压缩机无异常振动或噪声，如有任何异常请立即停机检查。

⑤机组正常运行后用钳型表检测各项运行电流是否符合机组设计要求。

2. 机组季节性恢复使用

①根据水泵和冷却塔等辅助设备生产厂家的操作维护规定进行维护检查。

②关闭水系统上的放水阀门（或旋上螺塞），打开水系统主回路上的截止阀门，打开水系统上排气阀，为水系统冲注所需水量，待气体排出后关闭放气阀门。

③检查电气回路上有关部件是否松动、接触器等吸分动作是否自如、绝缘包裹是否有破损，吹扫积累的灰尘。

④闭合主电源开关向启动柜送电，确认压缩机润滑油已加热 8h 以上。

⑤按照日常启动机组的顺序启动和运行机组。

（三）机组停机

1. 机组日常停机

①按下控制柜上的 F2 正常停机键，机组将首先进行卸载，卸载后停转压缩机，紧接着让油加热器通电。停机时，压缩机以 25% 的能量运行 30s 后停机；再延时 1min 停冷却水泵，再延时 2min 停冷冻水泵。如果按下电控柜上的紧急停机键，机组将立即停转压缩机而不顾当前的负荷状态，故紧急停机键平时不要轻易使用。

②如果冷冻水泵和冷却水泵没有与机组电控柜联锁，压缩机停止后一定时间手动关闭冷冻水泵和冷却水泵。

2. 机组季节性停机

①在水泵停转后关闭靠近机组的水系统截止阀。

②关闭压缩机吸、排气截止阀。

③打开水系统上的放水、放气阀门，放尽水系统中的水。为防止水系统管路因空气而锈蚀，在可能的管道段充入稍高于大气压的氮气驱除空气后，旋紧放水、放气阀门防锈。

④保养机组及系统。

（四）机组运行控制

控制系统包括压缩机启动部分及控制部分。

标准配置时压缩机启动采用△-△或不间断星三角启动方式，可以有效地避免启动过程出现很高的转换电流峰值。控制柜主要包括以下部件：电流互感器（PA）、接触器（KM1~2或KM1~3）、相序保护器（ABJ1-14DY或GMR-32）、PLC单元（CPU单元完成数据运算处理、ID模块进行开关量信号采集、AD模块进行模数转换，采集模拟量信号）。

1. 机组开机过程控制

①对控制柜通电给压缩机油加热器进行预热，预热至少8h后方可开机（这种情况控制回路可以不通电）。

②压缩机预热时间达到8h以上后可开机，先开循环水泵（冷水泵）再开冷却水泵。

③冷水泵系统和冷却水泵系统均开始循环后，对于单机头螺杆机组直接按启动键；若是多机头螺杆机组则须先选择机号后按启动键。

④观察启动过程：首先启动冷冻水泵，延时2min后启动冷却水泵，1min后机组开始启动。机头启动方式为星三角启动，转换时间为5s。启动时，压缩机以25%的能量运行30s后转入以50%能量运行；再根据温度进行上载控制。

⑤冷水系统的进、出口温度显示是否正确（制冷情况进水温度大于出水温度），观察机组的运行电流是否在主机标定的范围内。

⑥直接停机按停止键，停机时压缩机以25%的能量运行30s后停机；延时1min停冷却水泵，延时2min停冷冻水泵。

⑦若冷却水泵与冷冻水泵没有联锁，则停机时须等压缩机停止后延时1min手动停冷却水泵，再延时2min手动停冷冻水泵。

2. 机组加/卸载过程控制

（1）上载过程

①当控制装置电源接通时间超过设定的“压缩机最小停机时间”时，且冷水出口温度

高于“设定值+温差值”（通常设定值为7℃，温差值可在1.0~5.0℃之间设定）时，机组投入启动运行，启动时自动选择运行时间最短机头先启动。压缩机上载间隔时间可在触摸屏上设定（1~10min之间）。

②当冷水出口温度在“设定值+温差值”与“设定值”之间时，机组停止加载运行。

③每台机头两次启停间隔时间最少5min。

（2）卸载过程

①当冷水出口温度低于“设定值-温差值”时，机组将开始卸载，先卸运行时间最长的机头；满足卸载时间间隔后，冷水出口温度仍然低于“设定值-温差值”时再继续卸载。

②当系统出现故障或停机时，机组投入快速卸载运行，每台机头先转入以25%能量运行状态30s后停机。

③当机头本身系统出现故障时，该机头停止运行，待故障消除后，按复位键，该机头将重新自动投入运行。

3. 运行管理和停机注意事项

（1）水冷冷水机组运行管理注意事项

①机组的正常开、停机必须严格按照厂方提供的操作说明书的步骤进行操作。

②机组在运行过程中，应及时、正确地做好参数的记录工作。

③机组运行中如出现报警停机，应及时通知相关人员对机组进行检查，如无法排除故障，可以直接与厂方联系。

④机组在运行过程中严禁将水流开关短接，以免冻坏水管。

⑤机房应有专门的工作人员负责，严禁闲杂人员进入机房，操作机组。

⑥机房应配备相应的安全防护设备和维修检测工具，如压力表、温度计等，工具应存放在固定位置。

（2）螺杆式冷水机组停机注意事项

①机组在停机后应切断主电源开关。

②机组处于长期停机状态期间，应将冷水、冷却水系统的内部积水全部放净，防止产生锈蚀。水室端盖应密封住。

③机组长期停机时，应做好维修保养工作。

④在停机期间，应该将机组全部遮盖，防止积灰。

⑤在停机期间，与机组无关的人员不得接触机器。

六、机组安装调试前期准备

（一）机组安装

①安装机组的基础可为槽钢（由用户根据机组外形尺寸自行设计）或混凝土结构，基础表面应平整，其水平度在 6.4mm 以内，并能承受机组的重量。机组与基础可用 M20×250 底脚螺栓固定。

②为保证机组的最大负荷性能，以及运行的可靠性和维修的方便，机组的周围必须具有足够的空间。一台或多台机组的平面布置方式及最小距离要求，机组顶部不允许有影响通风的障碍物，且四周墙面不能有多于一个高于机组顶部的墙面存在。为保证良好的通风条件，机组底下的地面应保持清洁，考虑到冬天积雪等影响，机组应高出地面适当的高度。

③由于受工作现场条件的限制，当机组的安装距离小于本说明书的推荐值时，机组的通风变差，其冷凝压力和电机电流有可能超过最大允许值，此时机组在卸载情况下仍能继续运行，但条件过于恶劣时，将会引起机组保护停机。

④机组不能安装在潮湿、灰尘大，或空气中含有大量污物、腐蚀性气体、热空气、烟气、蒸汽等环境中。机组安装时，必须考虑机组运行的噪声能否符合环保的要求，对噪声比较敏感的场合，应采取适当措施避免振动和噪声影响周围的环境。

⑤安装机组时，尤其是多模块机组，机组同一边的安装孔应保持在同一条直线上，模块之间的距离严格控制为 350mm。

⑥当机组在地面安装时，应注意在机组周围采取护栏等适当的防护措施和警示标志，以免伤及无辜人员或损坏设备。

⑦机组常用的防振措施是在机组底部安装弹簧减振器，该件为选择件。根据机组的重量分布情况选择弹簧减振器的型号，每只减振器所承受的载荷不得超过其最大使用载荷值，一般按最大使用载荷的 70%~80%选取。弹簧减振器在安装连接过程中，应适当调整减振器使机组保持水平状态。

⑧机组基础四周应有排水沟等具备排放能力的排水措施，以便季节性停机或维修时排放系统中的水。

⑨须采用柔性连接。

⑩应准备的材料及工具：软连接头、弹簧减振器、吊装设备、吊装横梁、吊链、千斤顶、滑动垫木、垫滚、撬棒等。

（二）水管路安装

水管路连接在机组安装调整完成后进行，并应注意下列事项：

①空调系统水管路的安装、保温，应由专业人员设计指导，并执行暖通空调安装规范的相应规定。

②注意水侧换热器的进、出水口标志，以防止连接错误。

③外部水管路系统建议安装防振软连接头、水过滤器、电子除垢仪、止回阀、排水阀、排气阀、截止阀、膨胀水箱等，膨胀水箱应安装在高于系统最高处1~1.5m，水箱容量约为整个系统水量的1/10，排气阀应安装在系统最高处与膨胀水箱之间，在机组水侧换热器进、出水管路之间安装旁通阀，便于检修和冲洗管道。

④供水系统必须选配流量、扬程合适的水泵，以确保机组正常供水。水泵应装在机组水侧换热器的进水管上，要注意如果水泵直接从水侧换热器吸水，可能会引起机组性能的不良变化。

⑤有多路进出管口的机组，其靶式流量控制器安装在各自的出水管路上。冷冻水出口感温探头必须装在总的出口管路上，温度传感器具体安装。靶流座和感温管随机附带，感温管内应注入导热油，以利传热。

⑥机组的进水管路前必须安装水过滤器，并选择16目以上的过滤网，其位置应尽量靠近进出水管接头，以免在水侧换热器与过滤器之间的管路中混有碎屑，带入水侧换热器对管束产生严重的破坏。

⑦系统用水应根据水质情况适当处理，因为水中的灰尘、污垢、油脂、离子等杂质一方面附在传热面上，会影响机组的性能，另一方面会增加水侧换热器的压降，减少流量，并会在无形中对水侧换热器管束造成机械损坏。建议向水处理专家咨询，以确定所用的水不会影响水侧换热器的各种材料。循环水的pH值应保持为7~8.5。

⑧水泵与机组，水泵与系统水管路之间除采用防振软连接头连接外，同时管道和水泵还应自设有单独的支架以免机组受力。对所有过墙、穿越天花板或地板的管路，必须采取适当措施防止管路振动传递到建筑物上。

⑨冷冻水管路（包括水侧换热器水管接头处）及膨胀水箱应做保温处理，但阀件接头处应留出维护操作部位。

⑩系统水管路冲洗和保温要在与机组连接前进行。

⑪机组调试前，须关闭截止阀a、b，打开截止阀c，水泵运行4h，清洗过滤器，放尽系统内的水，继续重复以上操作1个回合后，再打开截止阀a、b，关闭截止阀c。严禁管道在未冲洗干净前就与机组连接。

第二节　集中空调末端调试

集中空调末端形式主要包括组合式空调机组（AHU）、风机盘管、柜式空气处理机组。

一、组合式空调机组

组合式空调机组以冷（热）水或蒸汽作为冷、热源，以功能段为组合单元，由风机导流室内空气，从而完成空气的输送、混合、加热、冷却、去湿、加湿、消声和空气洁净等处理功能，以达到调节室内空气质量的目的。广泛适用于宾馆、商场、医院、工厂、科研生产单位和办公楼等集中空调工程，并可根据工程要求制成室外组合式空调机组、洁净厂房、制药厂房、医院手术室、卷烟厂等专用机组。

组合式空调机组一般以分段或散件形式发货，单一机段的长度一般小于2400mm（不包括木包箱尺寸）。机组分段出厂，机段在厂内已基本组装完毕，现场只需要将机段按顺序对接，再连接到工程的水路、风路及电路中即可使用。散件出厂以零部件的形式发货，机组在工程现场进行组装。

（一）开箱、装卸搬运、存放

货到现场后，在供需双方人员共同在场的情况下开箱验收，以确保没有损坏、丢失。调试人员需要协助监督检查机组框架、面板、管道、线路的连接、内部部件（表冷器、过滤器、风机等）。

机组的装卸、搬运过程应尽量保持水平、平稳。机段连同金属底座一起发送时，金属底座上有φ20mm、φ45mm的起吊孔，适合不同的吊装方式；吊装机组时，请注意在有吊装标志的地方起吊。吊绳的张弛、吊钩的脱落及吊环螺钉的弯曲、脱落都会产生难以意料的危险；机组搬运过程中，先对搬运路线和路线上各通道门户大小做仔细的了解，并对货物的搬入顺序和方向做详细的安排，应充分考虑到不使机房出现混乱现象为好；机组搬运可使用吊车或叉车装卸，也可采用牵引滚柱的方法；搬运过程中机组不得碰到建筑物上，严禁机组翻转和倒立及倾斜等情况出现。如对机组有特殊搬运要求，应事先咨询生产厂家；严禁使用撬棍搬运机组，否则有可能引起机组损坏。

机组在未安装前应存放在干燥、防雨、防火并且周围无腐蚀性介质的场所。要求空气温度不得超过40℃，相对湿度不得超过90%；机组不可堆放；如果湿度超过90%，电机绝缘装置就会很快损坏，湿度达到100%时其绝缘功能就会完全消失；定期检查，以防生锈和损坏，当机组存放时间过长时，建议一个月至少一次从检修门或风机段入口进入机组风机室，用手轻轻转动风机和电机，这将有助于轴承润滑和防锈。

（二）机组安装注意事项

组合式空调机组在空调系统中是空气处理的重要设备，用户必须严格按暖通设备施工规范安装。为使机组正常运行，不能将机组安装在灰尘大、污物多、腐蚀性气体多，以及湿度大的场合，室内型机组严禁在露天场合使用。

在安装之前需要对安装机组的基础进行检查。提供的钢支座或混凝土基础必须有足够的强度和刚度，足以承受机组运行时的所有重量和振动。基础的承受能力按大于机组总重量的 1.2 倍进行考虑。务必注意承载体的强度和可靠性，否则将有重大隐患。

基础高度应高于机房地平面 200~300mm，小型号机组基础取小值；基础外形尺寸长宽各大于机组外形尺寸长宽 50~100mm；基础表面应平整、光洁，其对角线水平误差以不超过 5mm 为宜，如基础不水平，可能会导致冷凝水排放不畅，造成漏水事故；或破坏风机的动平衡，造成轴承故障和振动；冬季机组停用时，会导致盘管内的水无法彻底排尽，造成盘管冻裂；对于安装在地面上的机组，为减少机组振动的传递，建议在机组底座下放置减振胶垫。吊式机组应确保吊挂件有足够的强度来承受机组重量，吊杆上应有减振装置。

机组旁边（特别是操作面一侧）至少留有和机组宽度等宽的维修空间，以便拆卸时向外抽出加热器或表冷器等部件。

为保证设备安装工作的顺利进行，用户事先应将安装设备的电源拉接到位。每一台空调机组用户应提供带有空气断路器的独立电源供电，电源要求 3/PE AC 380V±19V，50Hz ±0.5Hz。电控柜接地线必须连接到系统接地点。接地阻抗必须符合国家和地区安全规范、电力规范的要求。空调机组电源应与焊接设备等线路分开供电，避免过大的电压波动影响空调机组正常运行；风机电机必须设置过载保护，否则可能引起火灾或其他事故。

（三）机组的组装及工程连接

现场安装必须在对本产品熟悉并受过培训的专业技术人员的指导下进行，安装时应注意以下几点：①机组应严格按照机组的技术图纸安装；②建议以最重的一段为基准，先调整水平后再进行各个功能段箱体之间的连接；③安装时应留有可供各功能段检修的空间（至少 700mm 以上）；④机组不得承受外接管道和风管的重量；⑤外接管道和风管安装时不得直接踩踏机组；⑥空调机组与外风管间应采用柔性连接，以避免振动的传递；⑦机组箱板之间的连接必须紧密。如有密封条，则必须压紧，以防漏风；空气过滤器应在机组其他部件安装完毕后再安装；机组安装时应及时清除机组内杂物、灰尘等。

1. 水管安装

外部水管路必须清洗干净后，方可与本空调机组的换热器进、出水管路连接，以免将换热器管路堵死；冷水盘管一般为下进上出，蒸汽盘管一般为上进下出，按标志接管，以避免接管错误；空调机组进、出水（汽）管一般采用管螺纹连接，与机组水管路相接时，不要用力过猛，以免损坏换热器（配管连接的场合请使用两把管钳或链条钳）。为方便操作运行，在机组外管路上应设置放气阀（上部管）与泄水阀（下部管）；能随意更改盘管左右接管方式；在水泵前安装水过滤器，以消除水中的杂质。

2. 风道安装

机组与风道连接处应设柔性接管，风管的重量不应由机组承受，连接处应进行密封及保温处理，避免漏风和凝露；机组出风口必须保证至少 2 倍出风口长边尺寸的直风管，弯管和变径会增大额外压损，造成风量不足。

3. 管道保温

机组所有进出管路全部保温。阀门、接头保温要留出维护操作部位；如采用蒸汽盘管，在蒸气管出口处须安装疏水器，排水通畅。

4. 电气安装

机组供电电源为 3/PE AC 380V±19 V，50Hz±0. 5Hz，检查电源电压符合要求后方可与电机相接。接好电源后，启动一下电机，检查风机转向是否正确。若反转，调整电源相序使电机转动方向与风机指示箭头方向相同。现场布置的控制线和电源线必须使用铜导线。

5. 喷淋段安装

喷淋段水槽位于机组底部并低于其他功能段底面板，所以安装时必须提高其他功能段的水平位置；外置水泵由用户现场安装，其水平位置应与喷淋段水槽相同；安装所需空间视选用水泵而定；推荐使用排水 U 形弯管，确保机组内部负压时排水顺畅。

（四）机组的调试

机组第一次开机时，所有步骤必须在调试人员和需求方维护工程师的监督下进行，包括电气检查、机组设备检查、管路检查等。

机组首次开机前，务必将安装的减振器护罩按标志要求拆除；检查机组部件是否出现松动现象；油漆是否完好，若出现油漆脱落，则除掉锈斑后重新刷漆；检查所有活动部件，看其是否灵活正常；查看各过滤器是否有划破损伤，固定弹簧是否将各过滤器压紧；检查所有连接在电机、检修灯和控制设备上的电气连接装置以及各接地装置是否正常；检查机组所有检修门的密封胶条是否完好，各门拉手的紧固件是否拧紧到位；对空调箱体内外进行全面清理，关上检修门；检查对流连接管道是否正确安装以及水流是否符合标准；通水时打开放气阀门和水管阀门，排完气后将放气阀门旋紧；清除风道中一切杂物，将所有防火阀调到正常位置，检查各管路密封情况及各转动部件润滑情况；水盘管的设计工作压力为1.6MPa，若运行水压超过盘管的承压能力，会出现盘管泄漏、破裂等故障隐患；冬季调试时，注意盘管防冻。必须向机组盘管循环供应不低于60℃的热水，且盘管内水流速不低于1m/s。如果调试完成后暂不运行，请将水排尽并加防冻液。机组的重点检查部件：

1. 风机

在检修风机内部之前，关掉总开关；检查风机、电机组装，看其减振器和挠性连接装置是否能够操作自如；上紧V形皮带，皮带张力的调整于胶带中央以指尖按压具有适当的弹力，运转中松边侧适度地具有弯曲，启动时无打滑的声音，三角带轮不发热为宜；检查电机和风机V形皮带是否精确对准；检查风机轴承的组装和润滑情况；检查电机的电气连接装置是否和所提供的线路图一致；检查电机铭牌，看其电压、相序和回路是否和现场电源相同；用电流表检查电机运行电流，并与电机铭牌上的数据进行比较；检查控制风机运行的电控柜内是否已安装缺相保护器、过载保护器、短路保护器等保护装置，以确保在风机电机电源缺相、电机电流过大、短路等情况下能自动断开动力电源，确保风机电机安全和用户的用电安全。风机在缺相、过载运行时会迅速烧毁电动机，必须予以重视。

2. 加热和冷却盘管

查看热交换器翅片的平整情况，若有倒片请用翅片梳予以修整；确认换热器的接管管径尺寸和进出管部位的密封隔热情况；检查换热器各护板保护漆是否完好，如有必要可重新进行油漆；检查冷凝水盘排水口是否通畅无阻，以利排水。

3. 电加热器

检查各电加热管有无因运输或搬送产生的损伤，若发现破坏应提前更换；查看电加热管的接线是否正确无误，接线端应无脱落；电加热高温保护和无风保护端口应串联于客户电加热的控制回路；各护板保护漆是否完好，如有必要可重新进行油漆，护板的连接是否紧固到位。

4. 过滤装置

检查初效，中高效过滤器（板式或袋式结构）的安装嵌入方式是否正确；仔细查看各类过滤材料的色泽是否均匀统一，滤料有无划破损坏，若有则须及时更换；各滤网固定架是否紧固到位，发现松动应拧紧固定螺母。

5. 加湿装置

对干蒸汽加湿器：检查安装的加湿器与机组左右式是否对应，喷孔方向与机组送风方向应为逆向布置；检查各喷嘴有无堵塞情况，若有应进行清除；加湿器的固定和密封是否完好，进气管和凝水排管是否通畅；对调节阀门要检查其是否转动灵活，互换方便。

对湿膜加湿器，确认加湿材料种类和加湿材料厚度是否正确，湿材有无破损，布水管是否通畅，加湿器与换热器的连接是否松动，若有则予以拧紧固定。

对高压喷雾加湿器，检查喷嘴喷出方向应与机组送风方向相对；固定喷管的型材和托架要安装牢固，加湿管穿过面板的部位应密封隔热防护，外围加湿主件也要装配完好。

对电极式加湿器，检查加湿器的喷出方向应垂直机组送风方向，且喷孔朝上；查看加湿器的凝水排管接管是否完好，进出管穿过面板的部位应密封隔热防护，水源应为水质合格的洁净自来水或标准软化水，不能使用纯水。

6. 调节风阀

查看风阀是否能够灵活转动；检查开度和旋向是否与阀上指示标志一致；试转风阀连接杆，查看风阀叶片全开和全关位置下叶片的具体形状是否满足密封和开度要求；检查风阀外观，油漆处有无油漆划伤和脱落现象，若有则重新刷油漆，防止阀体锈蚀。查看风阀传动连接杆部位是否润滑良好，若发现润滑不甚理想可滴几滴润滑油于上述移动部位；对电动风阀，要注意风阀执行器的通电运行状态是否平稳连贯，有无异常响声，若不正常，则及时更换。

以上各项前期工作准备、检验完毕后，可对机组进行试运行。空调机组运行顺序为先启动风机，后通冷（热）源（冷水、热水、加热蒸汽或者电加热器），再加湿；关机顺序为先断开加湿器，后断开冷（热）源，再关风机。

严禁在全开或全关送风、回风、新风阀门的状态下启动风机。对配置有紫外线杀菌装置的机组，开启风机前先启动杀菌装置 20min。

在确认通风系统，电气系统及其他机械均处于正常状态时，可启动风机，合上电闸 3~6s 后即切断，确认其转向，是否存在不正常声音、振动等；若在瞬时运转时，发现存在异常情况，则据前述过程检查机组并修正后，再进行试运转；一般风机、电机启动时的电流为其额定电流的 5~7 倍，然后渐渐降低。若电流回落速度过慢则停止运行，检查电机供电系统；注意电机的发热，一般电机的允许表面温度不大于 80℃，检查无异常后可通电运行机组；测量启动电流和运转电流情况；检查保护装置，按预定控制停机；观察冷

（热）水温度变化情况及流量变化情况（必要时可检查风量和风压）；记录调试情况。机组开关运行顺序必须按以上步骤操作，否则将对机组造成严重损坏。

（五）机组的运行与维护

组合式空调机组表冷段使用的冷媒为冷冻水（7℃），热媒为热水或蒸汽，换热器的工作压力不超过1.6MPa。冷水在换热器内的流速宜调节在0.6~1.8m/s，热水的流速宜调节在0.5~1.5m/s；当风机停车或（最近）遇有停电时，应立刻停止冷（热）水供应；机组运行一段时间后，应调整风机皮带的松紧；空调机应有专业人员专职管理运行，运行中应经常定期检查机组的运行情况，发生异常应及时排除，排除后方可继续运行；喷淋段循环水泵必须在风机启动后启动。

为防止盘管结垢，影响换热效果，机组盘管所用水宜采用软化水，并在系统中设置水过滤器以防止堵塞。另外，未软化的水有可能会在管道里结垢，造成水阻力增大，影响水流量及水泵工作效果。

当机组有直排水湿膜加湿时，用户须自行控制水量，以免加水过量溢出；环境温度或箱体内部温度过高会造成机组毁损，机组的最高使用温度为60℃。

在寒冷地区或冬季当空调机组停止运转后，关闭新风、送风及回风风阀，并将换热器、喷淋室内的水放尽，以防冻裂；当过滤网前后压差达到初阻力的2倍时应及时更换或清洗滤料。清洗无纺布滤料可先用肥皂水漂洗后用清水漂洗2~3次，压去水分后晾干或常温烘干，以备再用；机组表冷器及加热器工作1~2年后应清洗管路内腔，用化学除垢法除去水垢，用压缩空气或水冲洗翅片；机组内使用的热水应先进行软化处理以减少结垢。

微穿孔板消声器，每季度用压缩空气对孔板冲洗一次，以防止孔洞堵塞过多，影响消声效果；风机软连接应妥加保护，对磨损、腐蚀等引起漏风的及时修补更换；定期检查照明设备及电气设备的安全，杜绝漏电现象发生，电机和空调机均应有良好的接地；凡须润滑部位，每月加润滑油一次。

当防冻开关检测到表冷器表面温度低于防冻温度则切断送风机，而新风阀与风机联锁关闭。当机组停机时，盘管有可能会处于0℃以下，为了防止盘管冻裂，空调水系统最低处应设排污阀，以排出盘管内的积水，有条件的可在盘管内加防冻油。

二、风机盘管

风机盘管是空调系统的末端装置，它主要由风机和盘管组成，对房间直接送风，具有供冷、供热或分别供冷和供热功能，其送风量在2500m³/h以下，出风口静压小于100Pa。

作为中央空调的末端设备，风机盘管质量的好坏决定了室内的空调效果。

空调房间室内空气在风机盘管机组的风机的抽吸作用下，由风机两侧进风口进入风机内部，被风机加压，获得输送动力，然后进入机组内部，掠过水-空气热交换器翅片表面。在此，空气与热交换器铜管内部的水（冷水或热水）发生热交换，从而空气温度得到降低（与冷水发生热交换后）或者得到提高（与热水发生热交换后），最后从机组出风口排出，进入空调房间内部。在风机盘管机组连续循环作用下，房间温度得到下降（夏季）或上升（冬季），并保持稳定。

（一）机组型号判别

机组左右式的判断：面对出风口，配管在左即为左式，配管在右即为右式。

（二）机组安装正误判断

机组使用冷水温度不得低于5℃，以防止机组冻裂及结露；热水不高于80℃，禁止使用蒸汽。水质要求干净，为软化水，使用未经处理的水将会导致机组结垢、被腐蚀及效果变差，建议机组运行温度≤40℃，相对湿度≤95%。

机组应由熟悉本类产品及本地相关规定的专业技术人员进行安装。安装前应对机组盘管进行（1.0MPa）探漏检验，以排除搬运中可能造成的意外情况。进行安装之前，首先应检查，如风管、水管、电线接口和机组螺杆等前期准备工作。机组建议采用6~8 mm全螺纹螺杆配合平垫圈、弹簧垫圈和螺母进行固定，机组吊装应保持牢靠，吊装点应紧固且须有足够强度以承受机组运行重量及运行时的振动，为保证水管畅通，确保排水坡度>0.005（即凝结水管侧应最低）。机组水管与机组的连接建议采用金属软管，不可用力过猛，扭力不应超过50N·m，以免损坏接管。机组进水管应安装水过滤器，以免污物堵塞盘管。机组出水管应安装阀门，以调节水流量及检修时能够切断水源。管道应保温，以免产生冷凝水泄漏。机组必须在进水管安装电磁阀和温控器，且阀体须保温。避免当本机组停止运行，系统仍工作时，导致本机组温度低于环境温度，从而会产生结露现象。机组回风口处应安装过滤网，以防止灰尘堵塞盘管翅片，影响换热性能。机组出风口应有柔性接管（帆布软连接），长度为150~300mm，防止风管硬连接与机组产生共振，影响噪声。

（三）风机盘管机组调试

1. 产品启动、运行

产品安装结束，先用手转动风轮，无机械摩擦声，方可接通电源。运行前，请清除机组内异物，并检查水管、电线等是否安装有误。初次运行前，应先关闭设备进、出水阀门，清洗冷冻水管道系统，再开启设备进、出水阀门。初次运行时，需要将水管上的放气阀打开，排出管道内的空气，直到水流出后将阀关闭。水盘管的设计工作压力为1.6MPa，若运行水压超过盘管的承压能力，会出现盘管泄漏、破裂等故障。

2. 产品维护、保养

机组应有专职人员维护。一般机组使用三个月左右应清洗一次过滤网上的积灰，以确保回风通畅。盘管应定期清洗，以去除积灰及水垢。夏季每次使用后应先关制冷，保证比较长时间“送风”模式，把水吹干，可有效减少铝氧化物及减少细菌的滋生。停用季节，夏天须保持盘管内充满水以减少锈蚀，冬天必须将水排放干净以免冻裂铜管。检修前必须关闭电源，并设置“检修”标志，避免误操作造成危险。水管连接时不要用力过大，以免对盘管造成结构性破坏。电源线的零线必须接在指定零线位置，否则会使电机烧毁。不允许一个开关控制多台风机盘管机组，否则会使机组烧毁。水盘管的设计工作压力为1.6 MPa，若运行水压超过盘管的承压能力，会出现盘管泄漏、破裂等故障。机组必须在进水管安装电磁阀和温控器，且阀体须保温。盘管试压时应遵循水流由低到高，逐层溢入的原则，并且一定要遵循以下注意事项，否则有可能对风机盘管机组和系统管路造成结构性破坏：加水前须打开集水头放气阀，待盘管内的空气排尽后关闭阀门；水压试验应在5℃以上的气温条件下进行，否则应有防冻措施；水压试验要分段升压，升压时要缓慢均匀，待水泵停止运转，水压稳定后仔细检查连接处是否漏水。不得带水压进行修补工作；向系统内加水必须分层加水，分层排气，逐层试验操作；确认管路无泄漏后，方可对管路进行保温。

三、柜式空气处理机组

柜式空气处理机组是一种吊挂的组合式空调机组。

（一）机组安装

安装前需要确定机组的吊装位置，并选定可以固定吊杆和承载相应机组重量的梁体和其他实体（一定要注意承载体的强度和可靠性，否则将有重大隐患和造成损失）；要保证机组四周有不小于1.2m的布管、拆卸过滤网及维修空间。

吊装定位：机组吊装到位后用不小于φ12的圆钢安装定位。吊式机组应确保吊挂件有足够的强度来承受机组重量，吊杆上应有减振装置。对于安装在地面上的机组，为减少机组振动的传递，建议在机组底座下放置减振胶垫。机组应做水平基础，基础表面应平整、光洁，其对角线水平误差以不超过5mm为宜，如基础不水平，可能会导致冷凝水排放不畅，造成漏水事故；破坏风机的动平衡，造成轴承故障和振动；冬季机组停用时，会导致盘管内的水无法彻底排尽，造成盘管冻裂。

水管安装及风道安装同组合式空调机组。

（二）电气安装

机组配有电源接线盒，请按电气接线图正确接线，供电线路的安装、连接应符合国家相关电气规范。

①机组的供电电源为3/PE AC 380V±19V，50Hz±0.5Hz。

②机组不带电控箱，用户若对机组有启动或变频调速等要求，可单独订做电控箱（安装于室内）。

③每一台空调机组用户应提供带有空气断路器的独立电源供电。

④电控柜接地线必须连接到系统接地点。接地阻抗必须符合国家和地区安全规范、电力规范的要求。

⑤空调机组电源应与焊接设备等线路分开供电，避免过大的电压波动影响空调机组正常运行。

⑥控制风机运行的电控柜内必须安装缺相保护器、过载保护器、短路保护器等保护装置，以确保在风机电机电源缺相、电机电流过大、短路等情况下能自动断开动力电源，确保风机电机安全和用户的用电安全。

⑦现场布置的控制线和电源线必须使用铜导线。

第三节　屋顶机、多联机系统调试

屋顶式空调机（简称屋顶机）是一种单元整体式、安装于室外或屋顶上的大中型空调设备。其冷却方式为风冷，送出来的是冷（热）风（冷暖两用机型）。屋顶机一般为卧式，其送风、制冷、加热、加湿、空气净化、电器控制等部件组合于卧式箱体中。屋顶式空调机组送/回风具有多种选择方式，可按用户需求增加消声段、风机段、排风段等各种功能段。其他的单元机（如风管机等）一般相对于屋顶机简单，其调试方法可以参照屋顶机的执行。屋顶机是风冷型机组，无需复杂的冷却塔系统，安装相对简便，特别适合缺水地区。屋顶机组可广泛应用于需要实现人工制冷的场所，如宾馆大厦、写字楼、商场、舞厅、影剧院、医院、水电工程、计算机房和工矿企业等要求进行集中空气调节的场所。

近年来，随着国家节能减排政策的推进及人民生活水平的提高，多联式空调（热泵）

机组（简称“多联机”）作为一种新型的空调系统，在空调领域占有重要地位。多联机空调系统以制冷剂为输送介质，把一台或多台室外机通过配管与多台室内机相连，通过改变制冷剂流量来适时满足各房间不同空调负荷要求。多联机系统能量可调性是基于压缩机变频调节与电子膨胀阀相配合实现的，此技术既能满足系统节能的目的，又能满足室内环境舒适性要求，在多联机中应用广泛。

一、屋顶机系统

（一）总体结构及工作原理

屋顶机实际上是柜式空调机的延伸。屋顶机系统按功能包括三大类：制冷系统、空气处理及送风系统、电气系统。

制冷系统由压缩机、冷凝器、贮液器、过滤器、膨胀阀、分液器及蒸发器等组成。

空气处理及送风系统：空调房间的回风或回风和室外新风混合经过空气过滤器后依次通过蒸发器、加热器进行冷却或加热处理，然后由送风机通过风管直接送风至空调区域。

电气系统：电控单元根据温度传感器元件的信号，通过温度控制装置控制制冷和加热单元的工作。电气保护及报警系统则对空调机进行监测、保护和报警的工作。

屋顶机采用整体式结构形式，压缩冷凝段和空气处理段安放在同一底座上，整体出厂。

（二）主要部件

压缩机为全封闭式或半封闭螺杆式，机内装有保护装置，对因故障引起的马达高温、过载、缺相提供保护，压箱机内配有电加热器，供启动前加热用。压缩机上设有高低压压力控制器，以保护压缩机及制冷系统正常运行。

送风机为多叶双进风离心式风机。湍流小、噪声低、效率高，且进、出口设有压差控制器，以保证其工作可靠。

（三）开箱及检查

设备运抵安装现场后，组织有关负责部门的人员，应共同开箱检查，并清点和记录。需要检查下列随机文件是否齐全：使用说明书、电气原理图、接线图和电脑操作说明书、合格证、产品保修单、装箱单。根据以上文件核对设备型号规格、检查主体及各零部件是否完好无损和锈蚀。开箱检查完毕后设备应采取保护措施，不能过早及任意拆除包装，以免设备受损。

（四）调试前的准备工作

①安装前必须核对及检查基础尺寸，预留螺栓孔的位置并进行中间验收，以确保质量。

②确保本机内部各运动部件处已设减振装置，外部一般无减振要求。如对振动要求较高，则在机器与基础之间最好能再垫放减振装置（如 8~10mm 厚橡胶减振垫等）。

③产品运抵目的地后，立即检查产品是否有因为长途运输或搬运造成的损坏情况，并检查合同中规定的所有附件是否齐备。

④屋顶机的调试、启动前必须完成有关的前期准备工作，进行有关的连接（如风管、水管、供电线路等的连接）与安装工作。

⑤在检查维护保养调试之前，必须特别小心，并遵循如下规则：确信机器断电之后方可对电控元件进行操作、检查；不要接近运行部件；遵守其他各项安全规则。

⑥屋顶机四周应有良好的通风条件，要求在上面搭防晒、防雨/雪棚。防雨/雪棚应保证冷凝气流的畅通，有利于冷凝器排热。棚子的顶盖离冷凝风机出风口最小距离为 2000mm。

⑦屋顶机安装就位后按以下顺序进行检查：检查所有紧固件紧固情况；检查风机转动是否灵活。

⑧检查基础是否符合设计图纸的要求，以保证起吊就位的顺利。用足够容量的起重设备按规定的起吊位置起吊并就位。按有关规定进行设备固定、检查及辅助连接。屋顶机各段从四周用螺栓紧固成一体（连接处垫以密封条），再将底座四周用螺栓压紧。

⑨将送回风管分别连接到屋顶机送回风口。送回风口与风管系统之间要加帆布减振软管，以减少屋顶机振动与噪声的传播，各种管路与屋顶机连接之前，要对管路系统进行清洁处理，以免脏物、杂物进入屋顶机内损坏机器的部件，注意要保证连接处的保温与密封。

⑩回风温度探头要在风管连接之前将其安装于回风口处，并接线；配有远控箱的屋顶机，还要进行远控箱与屋顶机自身电控箱之间的连接；如需要火灾报警联锁，则要将火灾信号线路连接至屋顶机电控箱，具体接线请参阅随机另附电气原理图和电器接线图。

⑪按电气原理图将电源接入屋顶机，屋顶机的送风机连接导线已配好，用户连线时，只要将预留导线拉至送风机端子，并对号连接牢固即可。屋顶机必须可靠接地。

⑫屋顶机冷凝水出口处要安装存水弯，以利于冷凝水排出，并防止外界空气进入。

⑬制冷系统管路（铜管）的连接（钎焊）。必须注意：分体式屋顶机压缩冷凝段和空气处理段安装垂直高度一般不超过 25m。吸气立管底部，以及每 6~8m 吸气立管上须设存

油弯一个，其等效管长（含弯头，存油弯管长、水平管及垂直管总长）一般不超过 45m。焊接时，应保证铜管内干净、清洁，防止异物、水分、杂物进入系统内。水分、杂物进入系统内，会引起严重的损坏事故。

⑭铜管连接之后，要对连接部位进行密封性检查，方法是向管路系统充入 1.6MPa 纯净干燥的氮气，检查气体泄漏情况，然后对系统抽真空至绝对压力 133Pa 以下，符合要求之后向系统充入适量的制冷剂。机器出厂测试时已充入制冷剂，并已将其抽入贮液器储存起来，因此每个系统只须加入少量的制冷剂。焊接好的铜管应进行保温隔热处理，并堵严漏风的孔隙。

（五）安装调试注意事项

①混凝土基础地脚螺栓孔要彻底清除杂质，地脚螺栓及孔内不得有油污。

②设备起吊钢绳必须有足够强度，并按设备起吊孔位置起吊。钢绳与设备的接触处应垫软物以免设备表面被钢绳磨损。

③设备起吊必须轻起轻落，不得与周围物体相撞，须专人指挥。

④地脚螺栓规格必须符合图纸要求，待孔内水泥砂浆干固后方可紧固地脚螺栓。

⑤必须按照接地装置有关规定敷设接地装置。

⑥风管系统与屋顶机的连接按通风与空调工程施工及验收规范进行，并应严格保温和密封。

⑦屋顶机应尽可能不设在主要工艺操作区的顶上，宜布置在辅助间或走道的顶板上，以减小振动和噪声对主要生产区的影响。

⑧安装屋顶机的屋顶或楼面的结构强度，必须足以承受屋顶机的荷重，屋顶机应尽量靠近主梁布置。

⑨屋顶机的新风入口应尽量避免设在主导风向及烟囱的下风向侧，与废气排出口应保持一定距离。

⑩屋顶机安装完毕后，底面离楼面距离最好不要小于 250mm，下送、回风机型视风管尺寸而定，以利于冷凝水的排出与风管的连接。

⑪屋顶机在搬动过程中，机器的倾斜角度不得超过 45°，更不允许倒置。屋顶机安装之处及空调场所的空气不含有酸、碱性或其他有害气体。

（六）试运行

试运行前的准备工作包括：

①检查电网电压波动在±10%以内，三相不平衡在 3%以内。

②检查风机皮带的张力及转动是否灵活。

③检查各电气布线及接地情况。

④检查制冷管路上各阀门是否处于正常开启状况，特别是排气阀，必须处于开启状态。

⑤检查制冷剂压力表指示是否有明显下降。

⑥检查制冷管路各连接处有无泄漏现象。

⑦电气控制线路在主电路断开的情况下应预先单独进行元器件动作试验，启动前应注意供电电压是否正常。

1. *启动*

屋顶机的启动步骤：打开电控箱，接通主电路和控制电路的电源空气开关，此时电源指示灯亮，说明系统已通电（第一次开机必须先通电 24h 后再进行试运行），然后将电控箱门关好。

2. *试运行*

按“开/关”键（共用键），此时送风机运行，延时 3min 后，压缩机和冷凝风机将根据室内的温、湿度的要求，自动投入运行。停机时只须再按“开/关”键，屋顶机转入“机组关”即可。

设备运行之后检查事项包括：

①送风机及冷凝风机的转向是否正确。

②压缩机启动后观察高/低压力是否正常。

③查看压缩机油位指示是否正常。

④倾听膨胀阀是否有制冷剂流动声，观察膨胀阀是否正常结露。

⑤制冷系统中装设的安全保护装置，如高/低压控制器，油压差控制器等在试运行时应对其进行检查，以免产生误动作或不动作。

⑥检查有无异常声响及振动。

⑦查看各种仪表指示值是否在正常范围之内。如遇非正常紧急情况时，可按下急停按钮，使屋顶机停止运行（注意：正常停机，不允许操作此按钮）。待排除故障后再将急停钮打开，然后可重新起动。开、停机频率每小时少于 6 次，每次开机运转时间要在 5min 以上。

二、多联机

（一）连接管允许长度和落差校核

在确定室外机和室内机的安装位置时注意连接管允许的长度和高度差。特别注意多联机组的最大配置率，即室内机的总容量为室外机容量的百分比，最大配置率不允许超过配置率。

（二）追加制冷剂的计算

调试工程师必须计算各个系统所需追加制冷剂量，按照此数量进行追加制冷剂。有多个系统时，请标记各个系统的追加制冷剂量，避免系统之间追加制冷剂混乱。

（三）多联机开机调试

①首次开机调试由空调设备生产厂家授权调试人员进行。试机工作应在系统吹污、气密性试验、抽真空、充填冷媒等项工作都已进行并达到要求，各项记录齐全并经主管人员核实签章后进行。

②在以上一切都完成准备调试之前，应先检查电源接线是否正确，截止阀是否全部打开，都确认无误后再送电，检查电压、电流是否正常，通电 12h 以上使曲轴箱加热器通电预热，最后开室内机。

第四节　电气控制系统调试

一、电控系统调试用低压电器

通常以交流 1000V、直流 1500V 为界的电路的电器是低压电器。暖通空调工程调试电气控制系统调试用低压电器有空气开关、接触器、热继电器。

（一）空气开关（自动空气断路器）

空气开关有多种类型，有用于家庭等人身保护目的、防火保护目的的漏电断路器，有建筑配电、暖通空调电气装置用的微型断路器、塑壳断路器、万能式断路器等。通常作为不频繁通、断电路用；配电电路或电气设备的短路保护；配电电路或电气设备过载保护；配电电路或电气设备欠压保护（仅有少数规格空气开关有此功能）。

空气开关的基本性能：额定电压与额定绝缘电压；额定电流；短路通断能力（短路分断能力，分断能力越高短路时保证跳闸的能力越高，加串级保护可提高跳闸可靠性）；脱扣特性（电动机堵转电流及设备启动电流须考虑到，否则可能在电动机或设备启动状态便跳闸）；保护特性。

（二）接触器

接触器主要用作频繁接通、断开交、直流电路，可实现远距离控制。控制对象是电动机或其他负载。

接触器的基本性能：额定电压（在规定条件下，保证主触头正常工作的电压值对应相应的额定电流）；额定电流（在相对应的额定电压下允许通过的额定电流）；操作频率；线圈电压（控制线圈所使用的电压）；辅助触头额定电流；触头通断能力（保证触头不熔焊及可靠灭弧能力）。

（三）热继电器

热继电器是利用电流的热效应，用来保护电动机等负载过载的电气设备，其电流整定一般按负载额定电流的0.85~1.05倍整定。

上述低压电器有使用环境温度的要求，一般为-5~55℃，若电气元器件及设备允许超温使用，须按要求降级使用。

二、电动机

电动机按电流类型可分为交流电机和直流电机；按结构可分为大、中、小型电机；按防护类型可分为开启式、防水式、融爆式电机等；按用途可分为发电机、电动机、控制电机。常用的是异步电机（鼠笼式或绕线式）。

电动机铭牌包括：①型号，如异步电机为Y；②功率，额定运行条件下的输出功率（轴功率）；③接线，有Y形、△形等；④电压、电流；⑤转速；⑥温升等。

电动机的启动：有全压启动、减压启动。可根据电源容量、负载功率、设备要求选择启动方式，据实际情况决定。

电动机调速：鼠笼式电机适用于变频调速，鼠笼式电机变频范围须符合电机厂家的规定。绕线式电机适用于调压调速，常规绕线式电机调压范围据电机要求。

三、电气线路、电气图

电气线路包括室内配电线路、电缆线路、架空线路、导线连接等。它能实现各电气元件或电气设备的连接。

电气图包括电气原理图、电气接线图、电气布置图、电气系统图、电路图等。

机组电控箱发出开机信号（SK1与SK2接通），水泵接触器线圈得电，接触器主电路吸合，水泵电动机得电运转。当水泵电机过载时，热继电器动作脱扣，控制回路断电，接触器断开，水泵断电停止运行。机组电控箱发出关机信号时，控制回路断电，接触器断开，水泵断电停止运行。

四、自动控制设备

（一）末端电控开关

专用风机盘管机组控制器特殊之处在于主机末端一体化方面，除此之外，它本身是一种自动恒温房间风机盘管机组控制器，可进行冷、暖转换，房间温度设置，自动更换风机盘管机组三挡来调节房间温度（风机盘管机组采用三速开关控制）。可单独用于盘管控制，也可用于同主机联动控制。

（二）末端控制柜

1. 启停控制柜

启停控制柜为机组配套的产品，启停机组直观方便，具有短路、过载、缺相等保护电机的功能。型号按机组电机的数量及电机输出功率（轴功率）之和匹配，每只电控柜控制一台机组（机组内最多配两台电机）。可配机组功率范围：启停式 1×（0~11）kW。

2. 减压启动柜

减压启动柜专为大功率机组配备，起动平缓，起动电流小，对电网冲击小，减小对机组内机械设备的冲击。具有短路、过载、缺相、三相严重不平衡、相序错误等保护功能。型号按机组电机输出功率（轴功率）匹配，每只电控柜控制一台电机。可配机组功率范围：减压启动 15~225kW，减压启动柜配带联锁开关触点接入端子，用户可根据需求接入。用户接入开关的电阻（从电控箱口算起）15~22kW ≥7Ω；30~45kW ≥3Ω；55~225kW≥20Ω。下列数据供参考：100m $1mm^2$ 铜芯线电阻为 2Ω，100m $1.5mm^2$ 铜芯线电阻为 1Ω，100m $2.5mm^2$ 铜芯线电阻为 0.4Ω。

3. 调压调速柜

调压调速柜（适用于绕线式异步电动机或允许调压的电动机及电加热器）具有可控硅无极级压功能，能自动检测缺相，三相不平衡、电机过载等故障来封锁可控硅输出，保护机组并节能。平缓启动，对电网及机械设备冲击极小。可在调压电动机电压允许范围内（一般三相电机在 240~380 VAC，单相电机在 140~220V AC）无级调节机组风量。匹配电加热器必须将电加热保护信号串入开机回路中。型号按机组电机输入功率之和匹配，控制一台电机（机组内若配外转子风机，每只电控柜可控制 1~2 台同规格外转子风机）。可配机组功率范围：调压调速器0～15kW。

4. 变频调速器（适用于鼠笼式异步电动机）

变频调速器通过设置频率来调节机组电机的转速，实现调节风量同时节能。有过载、欠压、过压、过流等保护功能及故障显示。软启动功能，对机械及电网冲击小。在频率允许范围内（一般普通异步电动机30～50Hz）随意调节机组。

5. 恒温、恒湿自控、电控控制系统

恒温、恒湿自控、电控控制系统可据用户对温度、湿度的要求、控制方式、各技术要求等方面进行控制。主要有以下特点：

（1）温度控制：通过采集回风温度或房间温度数据来调节水路（蒸汽）电动调节阀开启度、（电加热级数）来达到温控目的。主要通过PI算法来实现对阀门的控制。精度一般±1～2℃。不同的加热、制冷方式有不同的精度。

（2）湿度控制：通过采集回风温度数据来调节加湿器的加湿量，用PI算法来达到湿度控制精度。精度一般±5%～10%RH。不同的加湿方式有不同的精度。此外，还有新回排百分比、过滤段清洗指示、风机、检修照明、灭菌、防冻保护、消防联动、电加热联锁等方面的控制组成组合式机组的自控、电控系统。

（三）主机电气控制部分

现在的主机整个制冷系统大都已经实现了自动化，在向智能化的方向发展，即代替人们对运行过程进行调节、测量、控制、监督和保护。在一般主机系统中，为了减轻操作人员的劳动强度，提高主机系统运行的经济性，达到制冷用户要求的指标及保证制冷装置的安全运行，越来越多地装设了一些电气控制装置。

1. 模块型、恒温恒湿机组

模块型、恒温恒湿机组控制核心采用可编程序控制器，全中文液晶触摸屏操作显示，自动显示各种运行参数及故障信息。

2. 水冷柜式空调机组

水冷柜式空调机组控制器自动显示各种运行参数及故障信息。用户侧是空气系统，不存在漏水隐患。运行工况简单，稳定可靠。

3. 模块型风冷涡旋式冷水（热泵）机组

模块型风冷涡旋式冷水（热泵）机组包括涡旋式、往复式、螺杆式。电气部分成熟，控制核心采用可编程序控制器，全中文液晶操作显示，自动显示各种运行参数及故障信息。保护功能（缺相、相序保护、电机过载、过热保护、系统压力保护、防冻保护等）与特殊功能都很全面。其多机头的特性保证了机组对水温控制较高的精确性。电气部分全部按防溅水防护等级、耐高温设计，安全可靠、经久耐用。

4. 水冷冷水机组

水冷冷水机组可编程控制、全中文显示、自动显示各种运行参数及故障信息。保护功能与特殊功能都很全面。电气设备不防雨，须放置在室内。

5. 上位机（或 PC 机、个人电脑）监控

为适应市场竞争，进一步提高机组的先进性和市场竞争能力，适应楼宇自动化控制要求开发了上位机监控系统。可对有要求的用户提供上位机监控，用来监控机组的各项参数（各种温度数据，压缩机、风机、水泵、各传感器、各保护元器件的运行状况、报警信息），并可进行一些参数设置及开关机操作，对机组进行实时监控。

[1] 李响，桑春秀，王桂珍. 建筑工程与暖通技术应用［M］. 长春：吉林科学技术出版社，2022.

[2] 王智忠，张鹤，李庆华，等. 建筑给排水及暖通施工图设计常见错误解析［M］. 合肥：安徽科学技术出版社，2022.

[3] 杜芳莉. 空调工程理论与应用［M］. 西安：西北工业大学出版社，2020.

[4] 高龙. 现代纺织空调工程［M］. 北京：中国纺织出版社，2018.

[5] 陈舒萍. 城市轨道交通车站空调与通风系统［M］. 成都：西南交通大学出版社，2018.

[6] 李联友. 暖通空调施工安装工艺［M］. 北京：中国电力出版社，2016.

[7] 高殿策，孙勇军. 高层建筑中央空调系统稳健优化控制及诊断技术［M］. 北京：科学出版社，2022.

[8] 史洁，徐桓. 暖通空调设计实践［M］. 上海：同济大学出版社，2021.

[9] 平良帆，吴根平，杜艳斌. 建筑暖通空调及给排水设计研究［M］. 长春：吉林科学技术出版社，2021.

[10] 连之伟. 民用建筑暖通空调设计室内外计算参数导则［M］. 上海：上海科学技术出版社，2021.

[11] 卢军，何天祺. 供暖通风与空气调节［M］. 4 版. 重庆：重庆大学出版社，2021.

[12] 周震，王奎之，秦强. 暖通空调设计与技术应用研究［M］. 北京：北京工业大学出版社，2020.

[13] 张华伟. 暖通空调节能技术研究［M］. 北京：新华出版社，2020.

[14] 刘秋新. 暖通空调节能技术与工程应用［M］. 北京：机械工业出版社，2016.

[15] 李志锋. 空调器维修一本通［M］. 北京：机械工业出版社，2020.

[16] 石晓明，魏光远. 暖通 CAD［M］. 北京：机械工业出版社，2020.

[17] 王晓璐，郑慧凡，杨磊，等. 暖通空调技术［M］. 北京：中国建材工业出版社，2016.

[18] 尚少文. 暖通空调技术应用 [M]. 沈阳：东北大学出版社，2017.
[19] 余俊祥，高克文，孙丽娟. 疾病预防控制中心暖通空调设计 [M]. 杭州：浙江大学出版社，2020.
[20] 申欢迎，张丽娟，夏如杰. 通风空调管道工程 [M]. 镇江：江苏大学出版社，2021.
[21] 张东放，杨永峰. 通风空调工程识图与施工 [M]. 北京：机械工业出版社，2023.
[22] 左美生，洪飞. 城市轨道交通通风空调技术与应用 [M]. 合肥：中国科学技术大学出版社，2022.
[23] 田娟荣. 通风与空调工程 [M]. 北京：机械工业出版社，2019.
[24] 关文吉. 供暖通风空调设计手册 [M]. 北京：中国建材工业出版社，2016.
[25] 邹秋生，粟珩. 多能互补供暖空调工程节能检测指南 [M]. 上海：上海科学技术出版社，2018.
[26] 何为，陈华. 暖通空调技术与装置实验教程 [M]. 天津：天津大学出版社，2018.
[27] 李炎锋，胡世阳，梁强，等. 建筑设备 [M]. 2 版. 武汉：武汉大学出版社，2017.
[28] 孙如军，管志平，王青环，等. 中央空调实用工程技术 [M]. 北京：冶金工业出版社，2017.
[29] 郑庆红. 建筑暖通空调 [M]. 北京：冶金工业出版社，2017.
[30] 姚杨. 暖通空调热泵技术 [M]. 北京：中国建筑工业出版社，2019.